JN115891

農業経理士教科書

【経営管理編】

大原出版

はじめに

　成長産業への変革期にある日本農業において、農業経営の法人化や異業種からの農業参入増加などを背景に現代的な農業経営を確立する必要性が高まっております。

　農業という業種の特徴は、生物の生産であることから、病虫害や自然災害による被害等、経営者自身でコントロールすることができない要素が多いことにあります。それゆえ、経営者自身の経験則に基づく判断が重要となりますが、すべての判断を経験則に頼ることは合理的ではなく、客観的事実たる計数を確かめながら経営判断を行うことで、より健全な農業経営を行うことが可能となります。特に法人経営では、計数に基づく経営管理が必須であり、現代的な農業経営に欠かせない要素となります。

　このような状況の中、当協会は日本の農業の発展、具体的には計数管理の基盤となる農業簿記の普及に寄与することを目的として、一般社団法人　全国農業経営コンサルタント協会による監修のもとで、2014年度より「農業簿記検定」を実施しております。

　さらに、当協会では2020年度より「農業経理士」称号認定制度を創設致しました。本制度は、農業簿記で培った知識を基盤としながら、農業経営の現場で必要となる実践的なスキルを習得した者であることを当協会が認定し、「農業経理士」の称号を授与するものです。制度創設にあたり、新たに「経営管理」および「税務」試験を開設致しました。

　本書が読者の皆様の農業経営に関わる経営管理知識の習得、そして「農業経理士」称号取得の一助となれば幸いです。

一般財団法人　日本ビジネス技能検定協会

会長　田中　弘

農業経理士に関する情報はこちら
http://jab-kentei.or.jp/agricultural-accountant/

農業経理士教科書（経営管理編）

目　次

第1章　経営分析

1．経営分析の意義

（1）　財務分析

　財務分析とは、企業の利害関係者（経営者・投資家・債権者など）が経済的意思決定を行うため、その企業の現状と問題点を把握することを目的として、企業が公表した財務諸表を分析し、比較し、解釈することです。

　経営者にとっては、財務分析により得たデータから、自社の経営実態を期間比較し、あるいは競争企業や業界平均値と比較することによって、自社の特徴や問題点を把握することができるため、将来に向けての改善ポイントと目標の設定に役立つ情報を得ることができます。

（2）　非財務的分析

　財務分析に基づくデータは経営改善を促す重要な資料ではありますが、それとは別に改善に向けた新たなエネルギーが必要となります。それは経営改善に向けた代表者の思いであり、従業員の思いです。

　そのエネルギーを見出し整理するための手段が非財務的切り口と言われるものです。以下の検討項目は経営要素論、経営組織論、経営責任論、経営管理論、戦略論、意思決定論、マーケティング論、情報システム論など経営学の研究成果を特徴的にまとめたものです。検討項目として利用するのに大変有効です。

　　①　人　物　金　情報
　　②　生産力　販売力　企画力
　　③　コンセプト　ターゲット　プロセス　ツール
　　④　いつ　どこで　だれが　何を　なぜ　どうするか
　　⑤　現地　現物　現場主義
　　⑥　天　地　人　法　道
　　⑦　SWOT
　　⑧　PLAN　DO　SEE

２．農業経営の財務諸表

（1）　農業法人の財務諸表の特徴
①　財務諸表とは

　　農業経営は、人、物、金、情報等といった経営資源を活用して継続的に製品・サービスを販売し、利益を獲得することを目的として展開されています。ここで、利益追求を目的として資金を調達し、運用する機能を財務管理といいます。財務管理を行う上では、当然、経営活動の結果を評価しなければならず、そのためには、経営活動を計数によって価値計算し、まとめて報告書を作成しなければなりません。それが財務諸表です。財務諸表は、経営の会計に関する計算書類であり、会計情報の伝達手段として作成されます。財務諸表は、貸借対照表、損益計算書、株主資本等計算書、キャッシュ・フロー計算書、附属明細表などから構成されます。

②　財務諸表の作成に必要な会計基準
ａ）　会計基準の必要性

　　企業会計は、企業外部（利害関係者）への情報提供を目的とした財務会計と、企業内部（経営者）への情報提供を目的とした管理会計に大別することができますが、会計情報の伝達手段である財務諸表の作成には、多くの場面で見積もりや判断が求められます。したがって、経営者が適正な財務諸表を作成し、財務諸表に対する利害関係者の理解を高めるためには、会計に関して一定の基準が必要であり、会計基準は、財務会計の機能を適切に発揮するために不可欠な前提条件です。

ｂ）　農業法人に適用される会計基準

　　農業法人の会計は、会社法や法人税法において、一般に公正妥当と認められる企業会計の慣行や会計処理の基準に従うものとされます。

　　なお、一般に公正妥当と認められる企業会計の慣行や会計処理の基準としては、企業会計審議会から公表された「企業会計原則」等及び企業会計基準委員会から公表された「企業会計基準」がありますが、中小企業においては、「中小企業の会計に関する指針」または「中小企業の会計に関する基本要領」により計算書類を作成することが推奨されています。

　　また、農業特有の基準として、（一社）全国農業経営コンサルタント協会及び（公社）日本農業法人協会が「農業の会計に関する指針（以下「農業会計指針」という。）」を策定し、農業法人のみならず企業的経営を目指す個人農業者も含めた「農企業」を対象として会計処理の拠りどころが示されています。「農業会計指針」では、農

業及び中小企業に共通する会計処理については「中小企業の会計に関する指針」を準用することとし、特に農企業において必要と考えられる会計処理について重点的に言及しています。「農業会計指針」は、拠ることが望ましい会計処理や注記等を示したものであることから、農企業は「農業会計指針」により計算書類を作成することが推奨されます。

ｃ）　農業法人に適用される勘定科目

　　農業法人においても、一般に公正妥当と認められる企業会計の基準、具体的には、企業会計原則等に基づいて財務諸表が作成されますが、農業法人各社で独自に設定されていた勘定科目の統一を図るために、（公社）日本農業法人協会が「農業法人標準勘定科目」を制定しています。

③農業法人の財務諸表

ａ）　貸借対照表

（a）　貸借対照表の意義・役割

　　貸借対照表は、企業の財政状態を明らかにするため、貸借対照表日（期末）におけるすべての資産、負債及び純資産を記載し、株主や債権者、その他の利害関係者にこれを正しく表示する財務諸表です。

　　財政状態とは、期末において、企業が運用する資金の調達源泉と、その資金の運用形態をいい、資金の調達源泉は負債及び純資産により、資金の運用形態は資産により明らかにされます。

$$資産　　＝　　負債　＋　純資産$$
（資金の運用形態）　　　　（資金の調達源泉）

（b）　貸借対照表の区分表示

　　貸借対照表の区分表示は、企業財務の流動性の理解のために重要です。資産は、流動資産、固定資産（有形固定資産、無形固定資産、投資その他の資産）及び繰延資産に区分され、負債は、流動負債及び固定負債に区分されます。また、純資産の部は、株主資本（資本金、資本剰余金、利益剰余金）及び株主資本以外の各項目に区分されます。

(c)　貸借対照表の配列

　　資産及び負債の項目の配列は、原則として、流動性配列法によるものとします。

　　流動性配列法とは、資産の部を流動資産、固定資産、繰延資産の順に、負債の部を流動負債、固定負債の順に配列し、負債の部の次に純資産の部を記載する方法です。流動性配列法は、企業財務の流動性、特に短期流動性の判断（流動資産と流動負債の比較）に便利です。

(d)　貸借対照表の分類

　　資産及び負債は、おもに正常営業循環基準と 1 年基準によって流動・固定項目に分類されます。

　　○正常営業循環基準

　　正常営業循環基準とは、企業の正常な営業循環過程内（現金→棚卸資産→売上債権→現金）において生じた資産・負債を、流動資産・流動負債とする基準です。例えば、受取手形、売掛金、仕掛品、支払手形、買掛金などは、正常営業循環基準によって流動項目とされます。

　　○ 1 年基準（ワン・イヤー・ルール）

　　1 年基準とは、期末の翌日から起算して 1 年以内に入金または支払いの期限が到来するものを流動資産または流動負債とし、1 年を超えて入金または支払いの期限が到来するものを固定資産または固定負債とする基準です。例えば、貸付金や借入金などを流動・固定項目に分類するときに 1 年基準が用いられます。

(e)　農業の特徴

　　農業に特有のものとしては、「生物」、「育成仮勘定」などの資産が貸借対照表に記載されること及び「農業経営基盤強化準備金」や「経営保険積立金」の取扱いがあります。

　　詳細は、「生物」「育成仮勘定」については、「農業会計指針」第二貸借対照表 I 資産 5 .（1）～（4）を、「農業経営基盤強化準備金」については、「農業会計指針」第二貸借対照表 II 負債 1 .（1）を、「経営保険積立金」については、「農業会計指針」第二貸借対照表 I 資産 8 .（1）～（2）を参照してください。

(f)　貸借対照表の様式

　　貸借対照表の様式には、勘定式と報告式があります。実務上、勘定式が一般的であるため、勘定式の様式を以下に示します。なお、参考までに、経営分析において計算要素として使用される項目の横には、関係する比率をカッコ書きで記載しています。

貸借対照表

株式会社○○			X年X月X日現在		(単位：円)
資産の部			**負債の部**		
Ⅰ 流動資産	(流動比率)	×××	Ⅰ 流動負債	(当座比率、流動比率)	×××
当座資産	(当座比率)		Ⅱ 固定負債	(固定長期適合率)	×××
・			長期借入金	(売上高借入金比率)	×××
・			**負債合計**		×××
・					
Ⅱ 固定資産	(固定資産回転率、固定長期適合率)	×××	**純資産の部**		
1 有形固定資産		×××	Ⅰ 株主資本		×××
2 無形固定資産		×××	1 資本金		×××
3 投資その他資産		×××	2 資本剰余金		×××
Ⅲ 繰延資産		×××	3 利益剰余金		×××
			純資産合計	(固定長期適合率、自己資本比率)	×××
資産合計	(総資本経常利益率、総資本回転率、自己資本比率)	×××	負債・純資産合計		×××

b） 損益計算書

（a） 損益計算書の意義・役割

　　損益計算書は、企業の経営成績を明らかにするため、一会計期間に属するすべての収益とこれに対応するすべての費用を記載して経常利益を表示し、これに特別損益に属する項目を加減して当期純利益を表示する財務諸表です。

　　経営成績とは、一会計期間に企業が獲得した利益の額と、その利益がどのようにして獲得されたかの状況を意味します。

（b） 費用収益対応の原則

　　費用及び収益は、その発生源泉に従って明瞭に分類し、各収益項目とそれに関連する費用項目とを損益計算書に対応表示しなければなりません。

　　費用収益対応の原則は、費用及び収益の発生源泉別分類と対応表示を要求したものです。

（c） 損益計算書の区分表示

　　損益計算書には、営業損益計算、経常損益計算及び純損益計算の区分を設けなければなりません。

　　営業損益計算の区分には、営業活動から生じた収益及び費用が記載され、営業活動の状況が明らかにされます。

　　経常損益計算の区分には、主に財務・金融活動から生じた収益及び費用が記載され、財務・金融活動の状況が明らかにされます。

　　純損益計算の区分には、特別損益が記載され、臨時損益などの発生状況が明らかにされます。

（d） 利益の意味

　　売上総利益は、農畜産物の生産・販売活動の良否を示しています。

　　営業利益は、営業活動の成果を示しています。

　　経常利益は、企業の正常な収益力を示しています。

（e） 農業の特徴

　　農業に特有のものとしては、売上高の項目として、「生物売却収入」、「作業受託収入」、「価格補填収入」、売上原価の項目として、「生物売却原価」、営業外収益の項目として、「一般助成収入」、「作付助成収入」、特別利益の項目として、「受取共済金」、「経営安定補填収入」などが損益計算書に記載されること及び「農業経営基盤強化準備金」や「経営保険積立金」の取扱いがあります。

　詳細は、「生物売却収入」及び「生物売却原価」については、「農業会計指針」第二貸借対照表Ⅰ資産５.（5）及び第三損益計算書Ⅱ損益計算書上の表示１.を、「作業受託収入」、「価格補填収入」、「一般助成収入」、「作付助成収入」及び「経営安定補填収入」については、「農業会計指針」第三損益計算書Ⅱ損益計算書上の表示２.～６.を、「農業経営基盤強化準備金」については、「農業会計指針」第二貸借対照表Ⅱ負債１.（2）を、「経営保険積立金」については、「農業会計指針」第二貸借対照表Ⅰ資産８.（3）を参照してください。

(f)　損益計算書の様式

損益計算書の様式には、勘定式と報告式があります。実務上、報告式が一般的であるため、報告式の様式を以下に示します。参考までに、経営分析において計算要素として使用される項目の横には、関係する比率をカッコ書きで記載しています。

損益計算書

自X年X月X日　至X年X月X日

株式会社○○　　　　　　　　　　　　　　　　（単位：円）

Ⅰ 売　　上　　高	（売上高総利益率、売上高営業利益率、売上高経常利益率、売上高当期純利益率、固定資産回転率）		×××
Ⅱ 売　上　原　価			
1.期首製品棚卸高		×××	
2.当期商品仕入高		×××	
3.当期製品製造原価		×××	
合　計		×××	
4.期末製品棚卸高		×××	×××
売　上　総　利　益	（売上高総利益率）		×××
Ⅲ販売費及び一般管理費		×××	×××
営　業　利　益	（売上高営業利益率）		×××
Ⅳ営業外収益		×××	×××
Ⅴ営業外費用		×××	×××
経　常　利　益	（売上高経常利益率）		×××
Ⅵ特　別　利　益		×××	×××
Ⅶ特　別　損　失		×××	×××
税引前当期純利益			×××
法人税、住民税及び事業税			×××
当　期　純　利　益	（売上高当期純利益率）		×××

直接的な生産・販売活動の成績を把握できます。

全体的な営業活動の成績を把握できます。

恒常的な経営活動の成績を把握できます。

総合的で長期的な業績を把握できます。

ｃ）　製造原価報告書

（a）　製造原価報告書の意義・役割

　製造原価報告書は、損益計算書に記載されている当期製品製造原価の内訳明細を示すため、損益計算書の付属資料として作成されます。

　なお、農業では、製造原価報告書に相当する財務諸表の名称について、生産原価報告書と呼び慣わしてきましたが、生産原価報告書とした場合、農産加工業などを兼営する場合には、農業に係る「生産原価報告書」と農産加工業に係る「製造原価報告書」の２通りを財務会計において作成しなければならないといった問題が生じます。このため、いわゆる農業の６次産業化の傾向も踏まえ、これらを一本化して「製造原価報告書」とします。

（b）　製造原価報告書の区分表示

　農業法人では、製造原価報告書の製造原価（当期総製造費用）を形態別分類によって材料費、労務費及び製造経費に区分して表示するのが一般的です。

（c）　製造原価要素の形態別分類

　〇材料費

　材料費とは、物品の消費によって生ずる原価をいい、①生産過程で消費され、期末に在庫の棚卸を行うもの、②純粋に変動費としての性格を有するもの、を基準として材料費として計上します。農業会計では、原価構造を詳しく見るため、耕種農業及び畜産農業など農業の種類別におおむね次のように細分します。

・耕種農業

　「種苗費」「肥料費」「農薬費」「諸材料費」

　なお、施設園芸の場合にハウスの暖房に係る原価の費目として「燃油費」を追加することができます。

・畜産農業

　「素畜費」「飼料費」「敷料費」「諸材料費」

　「原価計算基準」（昭和37年11月8日企業会計審議会）では、消耗工具器具備品費を製造経費ではなく材料費に分類していますが、農業会計では、材料費を変動費の性格を持つものに限定するため、消耗工具器具備品費を「農具費」として表示し、製造経費に分類します。

○労務費

　労務費とは、労務用役の消費によって生ずる原価をいい、農業会計では、おおむね次のように細分します。

　「賃金手当」「雑給」「賞与」「法定福利費」「福利厚生費」「作業用衣料費」

　就業規則等の定めに基づく退職金などの退職給付制度を採用している農業法人においては、「退職給付引当金繰入額」を追加します。中小企業退職金共済制度、特定退職金共済制度のように拠出以後に追加的な負担が生じない外部拠出型の制度については、当該制度に基づく要拠出額である掛金を「福利厚生費」に含めて処理します。

　作業服等の購入費用について、中小企業一般においては福利厚生費に含めて処理しますが、農業においては「作業用衣料費」として独立した勘定科目を用いるのが一般的です。

○製造経費

　製造経費とは、材料費、労務費以外の原価要素をいい、農業会計では、農業の種類に共通して、おおむね次のように細分します。

　「農具費」「修繕費」「動力光熱費」「共済掛金」「減価償却費」「地代賃借料」「租税公課」

また、耕種農業及び畜産農業など農業の種類別に次の費目を追加します。

・耕種農業
「作業委託費」「農地賃借料」「土地改良費」
　なお、集落営農の場合に畦畔の草刈り、水管理・肥培管理作業などの農作業委託料に係る費用として「圃場管理費」を追加します。
・畜産農業
「診療衛生費」「預託費」「ヘルパー利用費」
　なお、農産物加工を行う場合には、「委託加工費」及び「工場消耗品費」などを追加します。

(d)　製造原価報告書の様式

　　　製造原価報告書の様式例を以下に示します。

製 造 原 価 報 告 書

自Ｘ年Ｘ月Ｘ日　至Ｘ年Ｘ月Ｘ日

株式会社○○　　　　　　　　　　（単位：円）

【材料費】

期首材料棚卸高	×××
種苗費	×××
肥料費	×××
農薬費	×××
諸材料費	×××
△期末材料棚卸高	×××
材料費　計	×××

【労務費】

賃金手当	×××
法定福利費	×××
作業用衣料費	×××
労務費　計	×××

【製造経費】 ×××

作業委託費	×××
農具費	×××
修繕費	×××
動力光熱費	×××
共済掛金	×××
減価償却費	×××
農地賃借料	×××
地代賃借料	×××
製造経費　計	×××
当期総製造費用	×××
期首仕掛品棚卸高	×××
△育成費振替高	×××
△期末仕掛品棚卸高	×××
当期製品製造原価	×××	⇒　損益計算書の当期製品製造原価

d）キャッシュ・フロー計算書

（a）　キャッシュ・フロー計算書の意義・役割

　　　キャッシュ・フロー計算書とは、企業の一会計期間におけるキャッシュ・フロー（資金の増加または減少）の状況を報告するための財務諸表です。

　　　キャッシュ・フロー計算書においては、収入額と支出額をその事由とともに明らかにします。このため、企業の資金獲得能力、債務や配当金の支払い能力などの情報を投資者に提供することができます。企業はたとえ利益を計上していても資金繰りがつかなければ倒産することもあり、キャッシュ・フロー情報は、企業の支払能力を捉え、倒産の可能性を分析するうえでも有用となります。

（b）　資金の範囲

　　　キャッシュ・フロー計算書が対象とする資金の範囲は、現金及び現金同等物です。

　　○現金
　　　手許現金及び要求払預金（例えば、当座預金、普通預金、通知預金など）
　　○現金同等物
　　　容易に換金可能であり、かつ、価値の変動について僅少なリスクしか負わない短期投資（例えば、取得日から満期日または償還日までの期間が３カ月以内の短期投資である定期預金、譲渡性預金、コマーシャルペーパーなど）

（c）　キャッシュ・フロー計算書の表示区分

　　　キャッシュ・フロー計算書においては、キャッシュ・フローの状況を一定の活動区分別に表示します。具体的には、キャッシュ・フローを「営業活動によるキャッシュ・フロー」、「投資活動によるキャッシュ・フロー」及び「財務活動によるキャッシュ・フロー」の三つに区分して表示します。

　　○営業活動によるキャッシュ・フロー
　　　営業活動によるキャッシュ・フロー（小計）は、主たる営業活動から獲得したキャッシュ・フローを示します。具体的には、損益計算書における売上高、売上原価、販売費及び一般管理費に含まれる取引（営業損益計算の対象となった取引）に係るキャッシュ・フローなどを記載します。また、投資活動及び財務活動以外の取引によるキャッシュ・フローを小計の下に記載します。

○投資活動によるキャッシュ・フロー

　投資活動によるキャッシュ・フローは、将来の利益獲得及び資金運用のために支出又は回収したキャッシュ・フローを示します。具体的には、①有形固定資産及び無形固定資産の取引及び売却、②資金の貸付及び回収並びに ③有価証券の取得及び売却などの取引に係るキャッシュ・フローを記載します。

○財務活動によるキャッシュ・フロー

　財務活動によるキャッシュ・フローは、営業活動及び投資活動を維持するために調達又は返済したキャッシュ・フローを示します。具体的には、①借入及び株式又は社債の発行による資金の調達並びに②借入金の返済及び社債の償還などの取引に係るキャッシュ・フローを記載します。

(d)　表示方法

○営業活動によるキャッシュ・フロー

　営業活動によるキャッシュ・フロー(小計まで)の表示方法には、直接法と間接法とがあります。

・直接法

営業収入や商品の仕入れによる支出等、主要な取引ごとに収入総額及び支出総額を表示する方法

・間接法

税引前当期純利益に必要な調整項目を加減して営業活動によるキャッシュ・フロー（小計）を表示する方法

○投資活動によるキャッシュ・フロー及び財務活動によるキャッシュ・フロー

　投資活動によるキャッシュ・フロー及び財務活動によるキャッシュ・フローの表示方法については、原則として主要な取引ごとにキャッシュ・フローを総額で表示することが要求されています。ただし、期間が短く、かつ、回転が速い項目に係るキャッシュ・フローは純額で表示することができます。例えば、短期借入金などの借換えによるキャッシュ・フローや、短期貸付金の貸付と返済が連続して行われている場合のキャッシュ・フローなどが該当します。

(e)　キャッシュ・フロー計算書の様式

　キャッシュ・フロー計算書の様式を以下に示します。

直接法　　　　　　　　　　　　　　　　　　間接法

直接法	
I 営業活動によるキャッシュ・フロー	
営業収入	×××
原材料又は商品の仕入支出	△×××
人件費支出	△×××
その他の営業支出	△×××
小計	×××
利息及び配当金の受取額	×××
利息の支払額	△×××
交付金及び共済金その他の受取額	×××
法人税等の支払額	△×××
営業活動によるキャッシュ・フロー	×××
II 投資活動によるキャッシュ・フロー	
有価証券の取得による支出	△×××
有価証券の売却による収入	×××
有形固定資産の取得による支出	△×××
有形固定資産の売却による収入	×××
貸付けによる支出	△×××
貸付金の回収による収入	×××
投資活動によるキャッシュ・フロー	×××
III 財務活動によるキャッシュ・フロー	
短期借入れによる収入	×××
短期借入金の返済による支出	△×××
長期借入れによる収入	×××
長期借入金の返済による支出	△×××
社債の発行による収入	×××
社債の償還による支出	△×××
株式の発行による収入	×××
配当金の支払額	△×××
財務活動によるキャッシュ・フロー	×××
IV 現金及び現金同等物に係る換算差額	×××
V 現金及び現金同等物の増減額	×××
VI 現金及び現金同等物の期首残高	×××
VII 現金及び現金同等物の期末残高	×××

間接法	
I 営業活動によるキャッシュ・フロー	
税引前当期純利益	×××
減価償却費	×××
貸倒引当金の増減額	×××
受取利息	△×××
受取配当金	△×××
作付助成収入	△×××
支払利息	×××
経営安定補填収入	△×××
固定資産売却益	△×××
固定資産圧縮損	×××
売上債権の増減額	△×××
棚卸資産の増減額	△×××
仕入債務の増減額	×××
小計	×××
利息及び配当金の受取額	×××
利息の支払額	△×××
交付金及び共済金その他の受取額	×××
法人税等の支払額	△×××
営業活動によるキャッシュ・フロー	×××

⋮

（以下、直接法と同じため省略。）

(2)　個人農業者の青色申告決算書の組替え

①　所得税青色申告決算書
a）　組替えの必要性

　　青色申告者である個人農業者が所得税の確定申告書と一緒に提出しなければならない計算書類として、「所得税青色申告決算書（農業所得用）」（以下「青色申告決算書」という。）があります。先ほど農業法人の財務諸表の特徴について述べましたが、個人農業者の青色申告決算書は、所得税法の規定に従った課税所得を計算する目的で作成するため、農業法人の財務諸表とは異なる様式で作成されています。そのため、青色申告決算書の様式のままでは経営分析が困難です。したがって、個人農業者の経営分析を行うためには、青色申告決算書を農業法人の財務諸表の様式へ組み替える必要があります。

b）　青色申告決算書の特徴と様式
（a）　貸借対照表

　　青色申告決算書の貸借対照表は、流動・固定項目の区分表示（資産は、流動資産、固定資産及び繰延資産に、負債は、流動負債、固定負債に区分）がされていないという特徴があります。なお、55 万円又は 65 万円の青色申告特別控除を受けない者は、貸借対照表の添付が必要ないため、貸借対照表自体が作成されていない場合があることに留意します。

　　青色申告決算書の貸借対照表の様式について、以下に示します。

貸 借 対 照 表　(資産負債調)

（令和　年　月　日現在）

資　産　の　部			負債・資本の部		
科　　　目	月　日(期首)	月　日(期末)	科　　　目	月　日(期首)	月　日(期末)
現　　　金	円	円	買　掛　金	円	円
普　通　預　金			借　入　金		
定　期　預　金			未　払　金		
その他の預金			前　受　金		
売　掛　金			預　り　金		
未　収　金					
有　価　証　券					
農　産　物　等					
未収穫農産物等					
未成熟の果樹育成中の牛馬等					
肥料その他の貯蔵品					
前　払　金					
貸　付　金					
建物・構築物			貸倒引当金		
農　機　具　等					
果樹・牛馬等					
土　　　地					
土地改良事業受益者負担金					
			事　業　主　借		
			元　入　金		
事　業　主　貸			青色申告特別控除前の所得金額		
合　　　計			合　　　計		

（注）　「元入金」は、「期首の資産の総額」から「期首の負債の総額」を差し引いて計算します。

65万円の青色申告特別控除を受ける人は必ず記入してください。それ以外の人でも分かる箇所はできるだけ記入してください。

(b)　損益計算書

　　　青色申告決算書の損益計算書は、営業損益計算、経常損益計算及び純損益計算の区分表示がされていないこと、また、製造原価報告書が作成されないため、「製造原価」と「販売費及び一般管理費」の区分がないという特徴があります。

　　　青色申告決算書の損益計算書の様式について、以下に示します。

令和 〇 年分所得税青色申告決算書 (農業所得用)

住所		業種名		依頼税理士等	事務所所在地	
		農園名			氏名(名称)	
フリガナ 氏名		電話番号			電話番号	

管理番号 □□□□□□

令和　年　月　日　　損　益　計　算　書　(自 □□月□□日 至 □□月□□日)

科　目		金　額(円)	科　目	金　額(円)	科　目		金　額(円)
収入金額	販売金額 ①		作業用衣料費 ⑱		差引金額(⑦-㉟) ㊱		
	家事消費・事業消費金額 ②		農業共済掛金 ⑲		各種引当金・準備金等	貸倒引当金 ㊲	
	雑収入 ③		減価償却費 ⑳			㊳	
	小計(①+②+③) ④		荷造運賃手数料 ㉑			㊴	
	農産物の棚卸高 期首 ⑤		雇人費 ㉒			計 ㊵	
	期末 ⑥		利子割引料 ㉓		専従者給与 ㊶		
	計(④-⑤+⑥) ⑦		地代・賃借料 ㉔		貸倒引当金 ㊷		
経費	租税公課 ⑧		土地改良費 ㉕			㊸	
	種苗費 ⑨		㉖			㊹	
	素畜費 ⑩		㉗			計 ㊺	
	肥料費 ⑪		㉘		青色申告特別控除前の所得金額(㊱-㉟) ㊻		
	飼料費 ⑫		雑費 ㉙		青色申告特別控除額 ㊼		
	農具費 ⑬		小計 ㉚		所得金額(㊻-㊼) ㊽		
	農薬衛生費 ⑭		農産物以外の棚卸高 期首 ㉛		㊻のうち、肉用牛について特例の適用を受ける金額		
	諸材料費 ⑮		期末 ㉜				
	修繕費 ⑯		経費から差し引く果樹牛馬等の育成費用 ㉞				
	動力光熱費 ⑰		計(㉚+㉛-㉜-㉞) ㉟				

● 青色申告特別控除については、「決算の手引き」の「青色申告特別控除」の項を読んでください。

②　青色申告決算書の組替え前の留意点

a)　貸借対照表の作成が必要な場合

　　所得税の確定申告にあたって、55万円又は65万円の青色申告特別控除を受けない青色申告者及び白色申告者は、貸借対照表の添付の必要がないため、貸借対照表自体が作成されていない場合があります。この場合には、個人農業者に12月31日(期末)における資産・負債の残高調べを行うよう指導し、貸借対照表を作成する必要があります。

　　主な資産・負債の残高調べの方法を以下に示します。

(a)　現金預金

　　現金は、農業用の手持ち現金の記録等から実際有高が分かる場合には残高を計上します。

　　当座預金がある場合には、当座勘定照合表から残高を確認します。

　　普通預金、定期預金その他預金は、農業用に使用している預金通帳や預金証書又は残高証明から残高を確認します。

(b)　売掛金・未収金

　　期末の未収販売代金や未収の雑収入等を請求書の控え等から調べます。

(c)　買掛金・未払金

　　期末に未払の農業用品購買代金等を請求書等から調べます。

(d)　前払金・前受金

　　前金で支払った肥料等の購入代価で未引取分がある場合には、前払金として計上します。

　　前金で受け取った販売代価で未出荷分がある場合には、前受金として計上します。

(e)　棚卸資産

　　農産物の残高は、青色申告決算書の損益計算書の農産物の期末棚卸高を転記します。

　　農産物以外の棚卸資産の残高は、青色申告決算書の「農産物以外の棚卸高の内訳」欄から種類ごとに集計して転記します。

(f)　減価償却資産

　　青色申告決算書の「減価償却の計算」欄の未償却残高を種類ごとに集計して転記します。

(g)　土地

　○購入したもの

　　取得価額（購入金額＋購入のために要した付随費用）を調べて計上します。

　○購入金額が分からないもの（相続した農地など）

　　固定資産評価額で計上する方法が実務的です。

(h)　出資金

　　農協等の出資証券、残高証明書から確認します。

(i)　借入金

　　返済予定表、残高証明書から確認します。

(j)　預り金

　　源泉所得税について期末での未納額を納付書の写しなどから確認します。

(k)　元入金

　　資産の総額と負債の総額の差額を記入します。

b)　青色申告決算書の修正が必要な場合（参考）

　　経営分析を的確に行うためには、実際の財政状態を正しく反映した貸借対照表が作成されていなければなりません。例えば、以下のことに留意し、不適切な処理があれば、青色申告決算書の貸借対照表及び損益計算書を修正する必要があります。

(a)　回収の見込みのない売掛金、貸付金、仮払金、立替金等の債権が計上されていないか。

(b)　棚卸資産のなかに不良在庫が計上されていないか。

（c）　飼養中の肥育牛や在庫など棚卸資産が過大又は過少に評価されていないか。

（d）　土地（農地を含む。）は適正な価額で評価しているか。

③　青色申告決算書の組替えの留意点

a）　貸借対照表項目

・普通預金・その他の預金

マイナスの口座残高（当座貸越、営農貸越）があれば、流動負債の「短期借入金」に修正します。

・売掛金

長期滞留債権があれば、固定資産の投資等の「破産債権等」へ組み替えます。

・未収金

継続的役務提供による未収金は、「未収収益」へ組み替え、消費税の還付金の未収額がある場合には、「未収消費税等」へ組み替えますが、まとめて「未収入金」としても差し支えありません。次に、１年基準を適用し、翌期首から起算して１年以内に入金の期限が到来するものを流動資産の「未収入金」とし、それ以外は固定資産の投資等の「長期未収入金」へ組み替えます。

・有価証券

一時所有の市場性のある有価証券は、流動資産の「有価証券」とします。それ以外は、内容に応じて固定資産の投資等の「投資有価証券」、「関係会社株式」、「出資金」、「関係会社出資金」の各勘定へ組み替えますが、まとめて固定資産の投資等に「投資有価証券等」としても差し支えありません。

・農産物等

流動資産の「製品」へ組み替えます。

・未収穫農産物

流動資産の「仕掛品」へ組み替えます。

・未成熟の果樹・育成中の牛馬等

有形固定資産の「育成仮勘定」へ組み替えます。

・肥料その他の貯蔵品

種苗、肥料、農薬及び諸材料など生産目的で費消される物品は、流動資産の「原材料」へ、その他は、流動資産の「貯蔵品」へ組み替えますが、まとめて流動資産に「原材料・貯蔵品」としても差し支えありません。

・前払金

原材料などの購入のための前払金は、流動資産の「前渡金」へ組み替え、前払費用は、1 年基準を適用し、翌期首から起算して 1 年以内に費用になるものを流動資産の「前払費用」とし、それ以外は固定資産の投資等の「長期前払費用」へ組み替えます。

・貸付金

翌期首から起算して 1 年以内に返済の期限が到来するものを流動資産の「短期貸付金」とし、それ以外は固定資産の投資等の「長期貸付金」へ組み替えます。

・建物・構築物等

有形固定資産の「建物」、「建物附属設備」、「構築物」の各勘定へ組み替えますが、まとめて有形固定資産に「建物・構築物等」としても差し支えありません。

・農機具等

有形固定資産の「機械装置」、「車両運搬具」、「器具備品」などの各勘定へ組み替えますが、まとめて有形固定資産に「農機具等」としても差し支えありません。

・果樹・牛馬等

有形固定資産の「生物」へ組み替えます。

・土地改良事業受益者負担金

無形固定資産の「土地改良負担金」に組み替えます。

・繰延生物

有形固定資産の「繰延生物」へ組み替えます。

・経営安定対策積立金

固定資産の投資等の「経営保険積立金」へ組み替えます。

・事業主貸（以下のものは組み替えを行う）

農業用の固定資産の売却による損失は、特別損失の「固定資産売却損」へ組み替えます。

・借入金

翌期首から起算して 1 年以内に返済期限が到来するものを流動資産の「短期借入金」とし、返済期限が 1 年を超える借入金は、固定負債の「長期借入金」へ組み替えます。なお、役員及びその家族からの借入金は、固定負債の「役員等長期借入金」へ組み替えます。

・未払金

継続的役務提供に対する未払金は、「未払費用」へ組み替え、消費税の未払額は、「未払消費税等」へ組み替えますが、まとめて「未払金」としても差し支えありません。次に、１年基準を適用し、翌期首から起算して１年以内に支払期限が到来するものを流動資産の「未払金」とし、支払期限が１年を超えるものは、固定負債の「長期未払金」へ組み替えます。

・預り金

翌期首から起算して１年以内に支払期限が到来するものを流動資産の「預り金」とし、支払期限が１年を超える預り金は、固定負債の「長期預り金」へ組み替えます。

・貸倒引当金

流動資産に属する金銭債権に対する貸倒引当金は、流動資産の金銭債権から控除する形式に組み替え、固定資産に属する金銭債権に対する貸倒引当金は、固定資産の金銭債権から控除する形式に組み替えます。

・農業経営基盤強化準備金

固定負債に「農業経営基盤強化準備金」として記載します。

○事業主借

事業主借のうち以下のものは、組替えを行います。

・預貯金及び貸付金に対して受け取る利息は、営業外収益の「受取利息」へ組み替えます。

・株式や出資金などに対して受け取る配当金は、営業外収益の「受取配当金」へ組み替えます。

・農業用の土地・建物に係る受取地代家賃は、営業外収益の「受取地代家賃」へ組み替えます。

・農業用の固定資産の売却による利益は、特別利益の「固定資産売却益」へ組み替えます。

・農業用の投資有価証券の売却による利益は、特別利益の「投資有価証券売却益」へ組み替えます。

・農業用の固定資産の保険差益は、特別利益の「保険差益」へ組み替えます。

・元入金

組替え後の資産合計から組替え後の負債合計を控除した金額を純資産の「資本金」へ組み替えます。

b)　損益計算書項目

・販売金額

　　販売金額のうち、自己が生産した農産物など製品の販売金額は、売上高の「製品売上高」へ組み替え、減価償却資産である生物の売却収入は、売上高の「生物売却収入」へ組み替えます。

・家事消費高

　　売上高の「製品売上高」へ組み替えます。

・事業消費高

　　売上原価から控除する形式に組み替えます。

・雑収入

　　まず総勘定元帳などから雑収入の内訳を調べ、雑収入の内容ごとに、以下のように組替えを行います。

・農作業等の作業受託による収入は、売上高の「作業受託収入」へ組み替えます。

・農畜産物の価格差交付金、価格安定基金の補填金は、売上高の「価格補填収入」へ組み替えます。

・経常的に交付される助成金は、営業外収益の「一般助成収入」に組み替えます。

・作付面積を基準に交付される交付金等は、営業外収益の「作付助成収入」に組み替えます。

・家畜共済など経常的に発生する共済金・保険金は、営業外収益の「受取共済金」に組み替えます。

・その他の営業外収益（ダンボールや肥料袋の売却代金など）は、営業外収益の「雑収入」へ組み替えます。

・収穫共済など棚卸資産に対する共済金・保険金は、特別利益の「受取共済金」に組み替えます。

・過年度の農畜産物の価格下落等に対する補填金は、特別利益の「経営安定補填収入」に組み替えます。

・過年度に貸倒処理済の債権の回収額は、特別利益の「償却済債権取立益」に組み替えます。

・配合飼料価格安定基金の補填金は、製造原価報告書の材料費において「飼料補填収入」として飼料費から控除する形式に組み替えます。

・期首農産物棚卸高

　　売上原価の「期首商品製品棚卸高」へ組み替えます。

・期末農産物棚卸高

　　売上原価の「期末商品製品棚卸高」へ組み替えます。

・生物売却原価

　売上原価の「生物売却原価」へ組み替えます。

・租税公課

　生産用の固定資産に対する固定資産税・自動車税などは、製造原価の製造経費の「租税公課」へ組み替えます。生産に関係ない印紙税、税込経理方式の場合の消費税などは、販売費及び一般管理費の「租税公課」へ組み替え、同業者団体等の会費は、販売費及び一般管理費の「諸会費」へ組み替えるが、まとめて販売費及び一般管理費に「租税公課・諸会費」などとしても差し支えありません。

・種苗費

　製造原価の材料費の「種苗費」へ組み替えます。

・素畜費

　製造原価の材料費の「素畜費」へ組み替えます。

・肥料費

　製造原価の材料費の「肥料費」へ組み替えます。

・飼料費

　製造原価の材料費の「飼料費」へ組み替えます。

・農具費

　製造原価の製造経費の「農具費」へ組み替えます。

・農薬衛生費

　製造原価の材料費の「農薬費」へ組み替えます。

・諸材料費

　製造原価の材料費の「諸材料費」へ組み替え、敷料の購入費用は、製造原価の材料費の敷料費へ組み替えますが、まとめて製造原価の材料費に「諸材料費・敷料費」などとしても差し支えありません。

・修繕費

　生産用の固定資産修理費用は、製造原価の製造経費の修繕費へ組み替え、販売管理用固定資産の修理費用は、販売費及び一般管理費の修繕費へ組み替えます。

・動力光熱費

　重油等、園芸用ハウス暖房用燃料の購入費用は、製造原価の材料費の「燃油費」へ組み替え、生産用の電気、水道料金やガソリン、軽油などの燃料費は、製造原価の製造経費の「動力光熱費」へ組み替えます。また、店舗用建物の水道光熱費は、販売費及び一般管理費の「店舗経費」へ組み替え、管理用建物の水道光熱費は、販売費及び一般管理費の「水道光熱費」などへ組み替え、販売管理用の車両の燃料費は、販売費及び一般管理費の「車両費」などへ組み替えますが、まとめて販売費及び一般管理費に「水道光熱費・車両費」などとしても差し支えありません。

・作業用衣料費

　製造原価の労務費の「作業用衣料費」に組み替えます。

・農業共済掛金

　作物や農業用施設の共済掛金、価格補填負担金などは、製造原価の製造経費の「共済掛金」へ組み替え、米の転作や飲用外牛乳生産による減収分の生産者とも補償の拠出金は、製造原価の製造経費の「とも補償拠出金」へ組み替えますが、まとめて製造原価の製造経費に「共済掛金・とも補償拠出金」などとしても差し支えありません。販売管理用固定資産の保険料は、販売費及び一般管理費の「支払保険料」へ組み替えます。

・減価償却費

　生産用の固定資産の減価償却費は、製造原価の製造経費の「減価償却費」へ組み替え、販売管理用の固定資産の減価償却費は、販売費及び一般管理費の「減価償却費」へ組み替え、租税特別措置法による特別償却は、特別損益の「特別償却費」へ組み替えます。

・荷造運賃手数料

　出荷用包装材料の購入費用、製品の運送費用は、販売費及び一般管理費の「荷造運賃」へ組み替え、ＪＡや市場の販売手数料は、販売費及び一般管理費の「販売手数料」へ組み替えますが、まとめて販売費及び一般管理費に「荷造運賃・販売手数料」などとしても差し支えありません。

・雇人費

　生産業務に従事する従業員に係るものは、製造原価の労務費の「賃金手当」、「雑給」、「賞与」、「法定福利費」、「福利厚生費」の各勘定に組み替えますが、まとめて製造原価の労務費に「賃金手当」などとしても差し支えありません。

　販売業務に従事する従業員に係るものは、販売費及び一般管理費の「給料手当」、「雑給」、「賞与」、「退職金」、「法定福利費」、「福利厚生費」の各勘定に組み替えますが、まとめて販売費及び一般管理費に「給料手当」などとしても差し支えありません。

・利子割引料

　借入金の支払利息（信用保証料を含む）は、営業外費用の支払利息に組み替え、手形の割引・裏書により生じた損失は、営業外費用の手形譲渡損に組み替えますが、まとめて営業外費用に「支払利息・手形譲渡損」などとしても差し支えありません。

・地代・賃借料

　総勘定元帳などから地代・賃借料の内訳を調べ、地代・賃借料の内容ごとに組替えを行いますが、農業生産に係るものは、まとめて製造原価の製造経費に「地代・賃借料」などとしても差し支えありません。

・賃耕料、刈取料などの農作業委託料、共同施設利用料は、製造原価の製造経費の「作業委託費」へ組み替えます。

・畦畔の草刈り、水管理・肥培管理作業などの農作業委託料は、製造原価の製造経費の「圃場管理費」へ組み替えます。

・酪農や肉用牛などヘルパーの利用料は、製造原価の製造経費の「ヘルパー利用費」へ組み替えます。

・農地の地代（小作料）は、製造原価の製造経費の「農地賃借料」へ組み替えます。

・農業用施設の敷地の地代、農業用建物の家賃、農機具の賃借料は、製造原価の製造経費の「地代賃借料」へ組み替えます。

・特定作業受託による委託者への精算金は、製造原価の製造経費の「受託農産物精算費」へ組み替えます。

・販売管理用土地・建物の賃借料は、販売費及び一般管理費の「地代家賃」へ組み替えます。

・土地改良費

　製造原価の製造経費の「土地改良費」へ組み替えます。

・雑費

　農業生産に係るものは、製造原価の製造経費の「雑費」としますが、それ以外のものは、以下のように組み替えます。

　税理士、司法書士等の報酬は、販売費及び一般管理費の「支払報酬」へ組み替え、一般管理費用で他の勘定に属さないものは、販売費及び一般管理費の「雑費」へ組み替えますが、まとめて販売費及び一般管理費に「雑費」としても差し支えありません。

　売掛金などの売上債権の貸倒れによる回収不能額は、販売費及び一般管理費の「貸倒損失」へ組み替えます。

　その他の営業外費用は、営業外費用の「雑損失」へ組み替えます。

・期首農産物以外の棚卸高

　原材料の期首在高は、製造原価の材料費の「期首材料棚卸高」へ組み替え、仕掛品（未収穫農産物、販売用動物等）の期首在高は、製造原価の「期首仕掛品棚卸高」へ組み替えます。

・期末農産物以外の棚卸高

　原材料の期末在高は、製造原価の材料費の「期末材料棚卸高」へ組み替え、仕掛品（未収穫農産物、販売用動物等）の期末在高は、製造原価の「期末仕掛品棚卸高」へ組み替えます。

・経費から差し引く果樹牛馬等の育成費用

　製造原価の「育成費振替高」へ組み替えます。

・貸倒引当金繰戻額

　特別利益の「貸倒引当金戻入額」に組み替えます。

・貸倒引当金繰入額

　販売費及び一般管理費の「貸倒引当金繰入額」に組み替えます。

・専従者給与

　生産業務に従事する専従者に係るものは、製造原価の労務費の「賃金手当」に組み替えます。

　販売業務に従事する専従者に係るものは、販売費及び一般管理費の「給料手当」に組み替えます。

3．財務分析

(1)　収益性分析

　　収益性は、経営の効率性を示すものです。収益性の指標は、利益額のような絶対的な大きさで示すものではなく、いかに効率的に利益をあげているかで示されます。経営の効率性とは何に対して効率的であるかが課題となりますが、1つは資本に対してであり、もう1つは取引に対してです。前者は資本効率つまり資本利益率であり、後者は取引効率つまり売上高利益率です。

　　ここでは、まず収益性の総合的指標である総資本経常利益率を説明し、次いで利益率及び回転率について触れることとします。

　　なお、個人事業主の分析を行う際の「経常利益」は、青色申告決算書上の「収入金額」から「経費」等を控除した「差引金額」を用います。

　　また、法人の分析を行う際の「経常利益」は、経常利益に代表者及びその家族分の役員報酬を加算した「修正経常利益」を用いることもあります。

①　総資本経常利益率（％）　　（経常利益／総資本×100）

　　総資本経常利益率は、総資本に対する経常利益の割合であり、企業の収益性を総合的に判定する最も代表的な指標です。投下した資本がどれだけ経常利益をあげたかを示す比率で高いほどよいといえます。総資本経常利益率は、（売上高÷総資本）×（経常利益÷売上高）に分解され、総資本経常利益率が総資本回転率と売上高経常利益率の双方に影響されることを意味しています。

　　（計算例）総資本額（＝総資産額）14,876,495円、経常利益額3,137,892円の場合
　　∴総資本経常利益率＝3,137,892円÷14,876,495円×100≒21.1％
　　　　　　　　　　　　（％以下第2位四捨五入，以下％を算定する数値例は同様）

②　売上高利益率

a）　売上高総利益率（％）　　（売上総利益／売上高×100）

　　売上高総利益率は、売上総利益率あるいは粗利益率等ともいわれ、売上高に対する売上総利益の割合を示し、高いほどよいといえます。売上総利益は売上高から売上原価を控除して算出されますが、農業の場合は製造原価に相当する種苗費、肥料費、農薬費、諸材料費、労務費等からなる製造原価（生産原価）を控除した後の利益になります。

（計算例）売上高 11,310,600 円、売上総利益額 6,035,899 円の場合

∴売上高総利益率＝6,035,899 円÷11,310,600 円×100≒53.4%

b）　売上高営業利益率（%）　　（営業利益／売上高×100）

売上高営業利益率は、売上高に対する営業利益の割合、つまり生産及び販売・管理という営業活動で得た本業の収益性を示し、高いほどよいといえます。

（計算例）売上高 11,310,600 円、営業利益額 3,170,772 円の場合

∴売上高営業利益率＝3,170,772 円÷11,310,600 円×100≒28.0%

c）　売上高経常利益率（%）　　（経常利益／売上高×100）

売上高経常利益率は、売上高に対する経常利益の割合であり、つまり通常の経営活動の収益性を示し、高いほどよいといえます。

（計算例）売上高 11,310,600 円、経常利益額 3,137,892 円の場合

∴売上高経常利益率＝3,137,892 円÷11,310,600 円×100≒27.7%

d）　売上高当期純利益率（%）　　（当期純利益／売上高×100）

売上高当期利益率は、売上高純利益率等ともいわれ、売上高に対する当期純利益の割合であり、高いほどよいといえます。当期純利益はすべての収益費用項目を含み、最終的に企業に残された利益です。農業の場合、農業経営基盤強化準備金の繰入額や戻入額が特別損益の部に計上されていることがあるため、注意する必要があります。

（計算例）売上高 11,310,600 円、当期純利益額 2,970,202 円の場合

∴売上高当期純利益率＝2,970,202 円÷11,310,600 円×100≒26.3%

③　回転率

資本効率は、利益との関係に加え、売上高との関係でも示され、資本回転率により測定されます。資本回転率は、資本が効率的に運用されているかどうかを示します。資本回転率が良好であれば、資本効率が上がり、資本は節約され、資本調達コストが低下し、収益性が高まります。また資金繰りの改善によって債務支払能力も高まるため、資本回転率は収益性と安全性の両方に作用するといえます。

a）　総資本回転率（回）　　　（売上高／総資本）

　　総資本回転率は、総資本と売上高の割合をみるもので、経営に投下されている資本の運用効率を示します。総資本回転率は、回数で表され、高いほどよいといえます。

　　総資本回転率は総資本経常利益率を向上させるための重要な要素の一つです。もう一つの要素である売上高経常利益率に比べてその重要性の認識は低くなりがちですが、改善対象とすべき経営指標です。

　　（計算例）売上高 11,310,600 円、総資本額（＝総資産額）14,867,495 円の場合

　　∴総資本回転率＝11,310,600 円÷14,867,495 円≒0.8 回

　　　　　　　　　　　　　　　　　　　　　　　（小数点以下第 2 位四捨五入）

b）　固定資産回転率（回）　　　（売上高／固定資産）

　　固定資産回転率は、固定資産と売上高の割合をみるもので、経営に投下されている固定資産の運用効率を示します。固定資産回転率は、回数で表され、高いほどよいといえます。

　　（計算例）売上高 11,310,600 円、固定資産額 11,464,795 円の場合

　　∴総資本回転率＝11,310,600 円÷11,464,795 円≒1.0 回

　　　　　　　　　　　　　　　　　　　　　　　（小数点以下第 2 位四捨五入）

④　売上高材料費比率　　　（材料費／売上高×100）

　　売上高材料費比率とは、原材料の投入（インプット）に対して生産物の産出（アウトプット）が効率的に行われているかどうかを示す指標です。農業はモノづくりであるから、生産技術の向上が欠かせず、売上高に対する材料費の比率をみると技術力の水準がわかります。

　　売上高材料費比率が小さいほど、少ない材料費で多くの売上高を実現する技術水準が高いことを示しています。

　　この指標のユニークなところは、技術指標でありながら、作付面積などの生産データがなくても決算書データのみから算出できることにあります。単位当たりの生産量と販売単価が一定で売上高が変わらなければ、生産効率が上がって材料の投入量が減ればこの比率は下がります。反対にこの比率が上がっているときは要注意で、技術の再点検が必要となります。製品である農産物の単価が下がっている場合も、この比率は上がってきます。材料費が変わらなくても販売単価が下がって売上高が減ればこの

比率は上がります。この場合には、栽培している作物の製品力が低下していることを意味するので、場合によっては他の作物への転換が必要となります。

（計算例）売上高 11,310,600 円、材料費（種苗費、肥料費、農薬費、諸材料費などの合計）2,035,908 円の場合

∴売上高材料費比率＝2,035,908 円÷11,310,600 円×100＝18.0％

⑤　農業所得率　　（農業所得／売上高×100）

売上高に占める農業所得の比率を表す指標であり、値が大きいほど、売上高の多くを農業所得とする技術水準が高いことを示しています。

(2)　安全性分析

安全性分析とは、財務の安全性すなわち支払能力について分析するものです。安全性分析には、短期的な支払能力を測定する指標として当座比率、流動比率があります。一方、長期的な運用資産である固定資産が、長期安定的な調達手段でまかなわれているかどうかを測定する指標として、固定比率、固定長期適合率があります。その他、資本調達の構造を見る指標として、自己資本比率、負債比率があります。

①　当座比率（％）　　（現金＋預金＋受取手形＋売掛金＋有価証券／流動負債×100）

当座比率は、流動資産のうち、さらに流動性の高い当座資産と流動負債の割合を占める比率で、高いほどよいといえます。

（計算例）現金＋預金＋受取手形＋売掛金＋有価証券 2,940,600 円、流動負債額 718,572 円の場合

∴当座比率＝2,940,600 円÷718,572 円×100≒409.2％

②　流動比率（％）　　（流動資産／流動負債×100）

流動比率は、流動負債に対する流動資産の割合であり、短期的な債務返済能力を示します。流動比率が高いほど短期的な債務支払能力は高いですが、あまり高すぎると収益性の面で不利になる可能性があります。また、流動比率が低くても、回転率が高い企業ではさほど問題になりません。本来、200％以上が望ましいですが、一般的には120％以上あればよいと言われています。

（計算例）流動資産額 3,411,700 円、流動負債額 718,572 円の場合

∴流動比率＝3,411,700 円÷718,572 円×100≒474.8％

③　固定長期適合率（％）　　（固定資産／（自己資本＋長期借入金）×100）

固定長期適合率は、自己資本と長期借入金の合計額に対する固定資産の割合であり、固定資産が安定的な長期資金でまかなわれているかどうかを示しています。固定資産という設備に対するその資金調達内容を問うものであり、低いほどよいといえます。

（計算例）固定資産額 11,464,795 円、自己資本額 12,828,323 円、長期借入金額 1,030,000 円の場合

∴固定長期適合率＝11,464,795 円÷（12,828,323 円＋1,030,000 円）×100

≒82.7％

なお、長期未払金が存在する場合には、長期借入金と類似の性質を有すると考えて、分母に含めるケースが一般的と考えられます。

④　自己資本比率（％）　　（自己資本／総資本×100）

自己資本比率は、総資本に対する自己資本の割合であり、その割合が高いほど経営の安定性が高いといえます。

（計算例）自己資本額 12,828,323 円、総資本額（＝総資産額）14,876,495 円の場合

∴自己資本比率＝12,828,323 円÷14,876,495 円×100≒86.2％

⑤　修正自己資本比率（％）　　（（自己資本＋役員借入金）／総資本×100）

役員借入金を自己資本とみなして、自己資本比率を求めた指標です。役員借入金は返済義務があるものの、同族企業において返済しないことが多いことから、自己資本に役員借入金を加えたものを実質的な自己資本として計算します。

⑥　経常収支比率・経常収支尻

経常収支比率は企業の動態的な支払能力を見る重要な指標です。経常収支比率は経常収入を経常支出で除した比率であり、収入超過であれば 100％を超え，支出超過であれば 100％を下回ります。

$$経常収支比率（％）＝\frac{{}^{*1}経常収入}{{}^{*2}経常支出}×100$$

＊1：売上収入＋営業外収入　＊2：営業支出＋営業外支出

　　経常収支尻は経常収入から経常支出を控除した金額であり、損益計算書の経常利益に対する資金収支のバランスといえます。

$$経常収支尻＝経常収入－経常支出$$

⑦　売上高現預金比率（％）　　　（現預金／売上高×100）

　　売上高現預金比率は、売上高に対する現預金の割合を示す比率であり、この比率が小さくなるほど、売上高から見た現預金の割合が少なくなり、経営が不安定になる可能性が高くなります。一方、この比率が大きすぎる場合、経営と家計が区分されておらず、家計の現預金が経営向けとして計上されている可能性が懸念されます。

（3）　生産性分析
①　付加価値の測定方法

　　一般的に付加価値とは、その企業が原材料など外部から購入した生産諸要素に自らの手を加え新たに生産した、あるいは付加した価値をいい、付加価値の測定方法には、控除法と加算法があります。

a）　控除法（中小企業庁方式）

　　控除法とは、売上高から外部購入等の前給付を差し引いて計算する方法です。

$$付加価値＝^{*1}売上高－^{*2}外部購入費用（前給付原価）$$

*1：一般的に国からの交付金等は付加価値に含めませんが、農業経営を分析する際の付加価値は、一部の交付金等を含めます。

　・付加価値に含める交付金等（売上高に加算）

　価格補填収入（売上単価の補正の意味があるため）、作付助成収入（収益補償の意味合いが強いため）

　・付加価値に含めない交付金等

　建物等建設補助金、利子補給、一般補助金

*2：種苗費、肥料費、農薬費、諸材料費、作業用衣料費、作業委託費、農具費、修繕費、動力光熱費、共済掛金等、企業外部から購入した費用をいいます。

　　なお、賃金手当、法定福利費、役員報酬などの人件費や減価償却費、農地賃借料、地代賃借料は付加価値を構成するものであって、外部購入費用ではありません。

b)　加算法（日銀方式）

加算法とは、付加価値を構成する各項目（配分先）を加算する方法です。

> 付加価値＝経常利益＋^{*1}人件費＋^{*2}金融費用＋^{*3}賃借料＋租税公課＋^{*4}減価償却費

＊1：従業員の賃金手当・給料手当、役員報酬、福利厚生費等

＊2：支払利息等

＊3：農地の地代、農機具の賃借料等

＊4：製造原価及び販管費に計上される減価償却費の合計額

②　付加価値労働生産性

a)　計算式

$$労働生産性（円）＝\frac{付加価値額}{従業員数（年平均）}$$

b)　指標の意味

労働生産性は、従業員1人当たりが稼ぎ出した付加価値であり、労働の質、すなわち労働時間の効率性の程度を測定する指標です。この指標は、高ければ高いほど高能率であることを示します。

なお、1時間当たりの売上高をもって、労働生産性と言うこともあります。

c)　労働生産性の展開

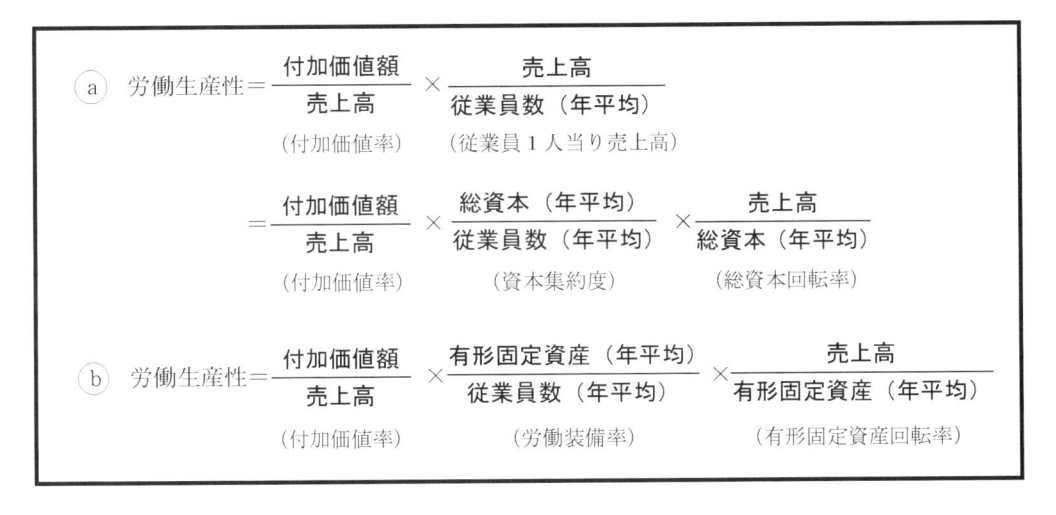

③　付加価値労働分配率

a）　計算式

$$付加価値労働分配率（\%）= \frac{人件費}{付加価値額} \times 100$$

b）　指標の意味

　　労働分配率は、企業が生み出した付加価値のうち、人件費として従業員に分配された比率を表し、人件費の支払能力をみる指標です。この指標は、労働生産性や資本への分配の水準とのバランスを考慮してその適否を判断すべきです。

c）　労働分配率の展開

$$労働分配率 = \underset{（1人当り人件費）}{\frac{人件費}{従業員数（年平均）}} \div \underset{（労働生産性）}{\frac{付加価値額}{従業員数（年平均）}}$$

　また，1人当たり人件費を取り上げて展開すると

$$\underset{（1人当り人件費）}{\frac{人件費}{従業員数（年平均）}} = \underset{（労働分配率）}{\frac{人件費}{付加価値額}} \times \underset{（労働生産性）}{\frac{付加価値額}{従業員数（年平均）}}$$

④　単収　　（生産量／作付面積・頭数）

　　一定の生産単位（10a、1頭など）当たりの生産量を表す指標であり、値が大きいほど、決められた面積や頭数で多くの生産量を実現する技術水準が高いことを示しています。

⑤　**生産単位当たり農業用固定資産額　　（農業用固定資産額※／経営耕地面積・頭数）**

　　一定の生産単位（10a、1頭など）当たりの農業用固定資産額の割合を示す指標であり、値が大きいほど、単位当たりの面積や頭数から見た施設や機械等の固定資産の投資額が大きく、過剰投資となっている可能性が高いことを示しています。

　　※生産用の減価償却資産の合計額とし、土地や投資その他の資産は除きます。また、本指標は、単位当たりの面積や頭数からみた固定資産の投資額をみる指標であり、6次産業化をしている場合の設備などは、分母の経営耕地面積や頭数との対応関係がないため、分子の農業用固定資産額には含まないものとします。

⑥　**土地生産性　　（売上高／作付面積・頭数）**

　　一定の生産単位（10a、1頭など）当たりの売上高を表す指標であり、値が大きいほど、決められた面積や頭数で多くの売上高を実現する技術水準が高いことを示しています。

⑦　**農業従事者1人当たり農業所得　　（農業所得／農業従事者数）**

　　農業従事者1人当たりの農業所得を表す指標であり、値が大きいほど、少ない農業従事者で多くの農業所得を実現する技術水準が高いことを示しています。

⑧　**生産単位当たり労働時間　　（総労働時間／作付面積・頭数）**

　　一定の生産単位（10a、1頭など）当たりの労働時間を表す指標であり、値が小さいほど、決められた面積や頭数を少ない労働時間で管理する技術水準が高いことを示しています。

（4）　成長性分析

　　成長性分析とは、経営の拡大発展の度合いや可能性を分析することをいいます。成長性分析は、成長にかかわる指標を過去から現在まで長期間にわたってその趨勢を分析するものです。

①　**売上高増加率（%）　（（評価年の売上高−基準年の売上高）／基準年の売上高×100）**

　　売上高増加率は、評価年の売上高が基準年の売上高に比べてどれだけ増加したかを見る指標であり、市場における成功・失敗を直接に示し，企業の総合的な努力を反映する比率です。この比率は，高いほど望ましいですが、業界平均や業界トップと比較して満足すべきものかどうかの判断をします。

②　経常利益増加率（％）　（（評価年の経常利益−基準年の経常利益）／基準年の経常利益×100）

　経常利益増加率は、評価年の経常利益が基準年の経常利益に比べてどれだけ増加したかを見る指標です。経常利益とは、企業が通常行っている活動から生じた利益であり、企業の成長性を見るには、売上高の増加とともに経常利益の増加を見ることも重要です。

（5）　損益分岐点分析

　損益分岐点分析とは、利益・売上高・費用の３者の関係を分析し、売上高と費用が一致する採算点（損益分岐点）を求め、それを利用して経営の損益状態を明らかにする手法です。

①　損益分岐点売上高

　一般的な損益分岐点売上高の考え方として、費用は、売上高の変化に比例して増減する「変動費」と売上高に関係なく一定である「固定費」からなり、これを売上高から差し引いてゼロとなる点が損益分岐点となります。この売上高を損益分岐点売上高といいます。つまり、これを超える売上高であれば利益が出るのに対し、これを下回れば損失が出るということを意味しています。

　農業では変動費と固定費の区分を売上高の増減ではなく、生産規模の増減によるものとし、生産規模の増減に連動して変化する費用を変動費、生産規模の増減に連動することなく固定的に発生する費用を固定費とします。

　また、農業では、限界利益を求めるにあたり「変動益」を用います。変動益とは、生産規模の増減に連動して変化する収益のことであり、変動益には営業収益に属する製品売上高、作業受託収入、価格補填収入などのほか、営業外収益に属する作付助成収入を含みます。

　以下第１章3.（5）損益分岐点分析の項において「売上高」とは「変動益」を意味するものとします。

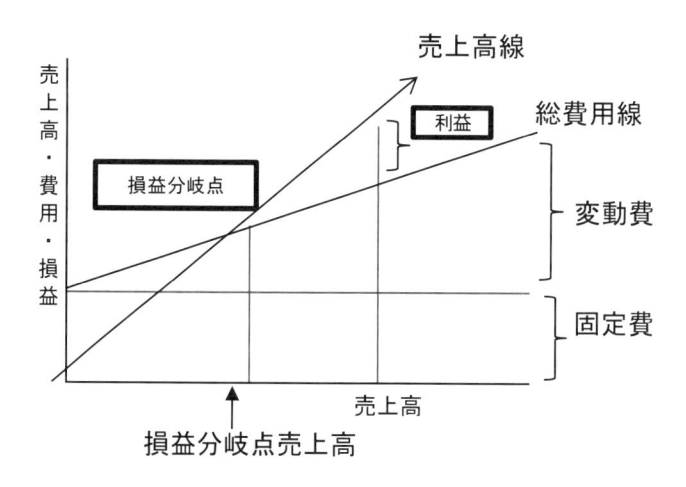

損益分岐点売上高は次のように求められます。

利　益＝　売上高　－　（固定費　＋　変動費）

このうち変動費は売上高に比例するため、（ 変動費／売上高　×　売上高）と示すことができます。よって、これを変動費と入れ替え、括弧を取った算式を求めます。

利　益＝　売上高　－　固定費　－　変動費／売上高　×　売上高

そして、算式を次のとおり変形させます。

利　益　＋　固定費　＝　（　1　－　変動費／売上高　）×　売上高

損益分岐点売上高を求めるにあたっては、利益をゼロとし、算式を次のとおり変形させます。

$$\frac{固定費}{1 － 変動費／売上高} ＝ 売上高（損益分岐点売上高）$$

なお、上記算出における（1－変動費／売上高）を限界利益率といいます。

（計算例）売上高 11,310,600 円、変動費 3,255,931 円、固定費 4,883,897 円の場合
∴限界利益率＝（1－3,255,931 円／11,310,600 円）×100≒71.2％
∴損益分岐点売上高＝4,883,897 円÷71.2％≒6,859,000 円

②　安全余裕率

こうして、損益分岐点は求められますが、経営分析に当たっては、実際の売上高と損益分岐点を比較し、経営の安全性を検討します。この指標として安全余裕率は次のとおり求められます。

$$安全余裕率＝\frac{売上高－損益分岐点売上高}{売上高}\times100$$

これは実際の売上高と損益分岐点売上高との間にどれだけの余裕があるかを見る指標で、実際の売上高が現時点から何パーセント落ちれば、損益分岐点売上高になってしまうかを確認することができます。

（計算例）売上高 11,310,600 円、損益分岐点売上高 6,859,000 円の場合
∴安全余裕率＝（11,310,600 円－6,859,000 円）÷11,310,600 円×100≒39.4%

また、利益計画の策定手法として損益分岐点分析と損益分岐図は用いられます。一定の利益を確保するため、過去の財務諸表の分析や経営計画によって目標売上高を設定します。この際、利益を結果（収益－費用＝利益）として捉えるのではなく、獲得すべきものとして事前に決定します。こうした利益を実績利益に対して目標利益といいます。利益計画では目標利益を上乗せすることにより、必要売上高を算出することが必要です。これは以下の算式となります。

$$目標利益達成のための売上高＝\frac{固定費　＋　目標利益}{限界利益率（1　－　変動費／売上高）}$$

（計算例）固定費 4,883,897 円、目標利益 4,000,000 円、限界利益率 71.2%（＝(1-3,255,931 円／11,310,600 円)）の場合、
∴目標利益達成のための売上高＝（4,883,897 円＋4,000,000 円）÷71.2%
　≒12,477,000 円

③　変動費と固定費

上記算式中における変動費と固定費は、耕種経営を例とする場合、基本的には耕地面積の増減により変化するものを変動費とします。なお、変動費以外の費用が固定費となります。

生産効率が一定で、耕地面積の増減によって生産量が変化する場合

　この場合の変動費には、種苗費、肥料費、農薬費、動力光熱費（基本料金を除く）、諸材料費、土地改良費のうち水利費（面積割り）、修繕費（毎年の定額費を除く）、臨時雇の労賃である雑給、専従者給与（時給計算の場合）、荷造運賃、販売手数料、農地賃借料、地代・賃借料、支払利息（流動負債の利息）などが該当します。

　また、固定費は、基本動力光熱費、土地改良費のうち水利費（戸割り）、毎年の定額修繕費、常雇の労賃である賃金手当、専従者給与（固定給）、減価償却費、支払利息（固定負債の利息）などが該当します。

耕地面積が一定で、生産効率（単位収量）の上下によって生産量が変化する場合（参考）

　この場合の変動費には、肥料費、農薬費、動力光熱費（生産効率向上による部分）、諸材料費（生産効率向上による部分）、臨時雇の労賃である雑給、荷造運賃、販売手数料などが該当します。

　また、固定費は、種苗費、動力光熱費（生産効率向上外の部分）、諸材料費（生産効率向上外の部分）、土地改良費のうち水利費、修繕費、常雇の労賃である賃金手当、専従者給与、減価償却費、農地賃借料、地代・賃借料、支払利息などが該当します。

④　収支分岐点分析

　収支分岐点とは、収支が均衡し、収支トントンとなる売上高、すなわち売上に係る収入と費用及び費用以外の支出の合計額が同額となる売上高の額をいいます。収支分岐点は、固定的支出を限界収入率で除して算出され、固定的支出を捻出するために必要な売上高が幾らとなるのかを示すものです。

a）　収支分岐点の図表と算式

　収支分岐点は、固定的支出を限界収入率で除して算出されます。なお、限界収入率は、売上収入から変動的支出を控除した金額を売上高で除して算出され、損益分岐点分析における限界利益率と類似した概念です。

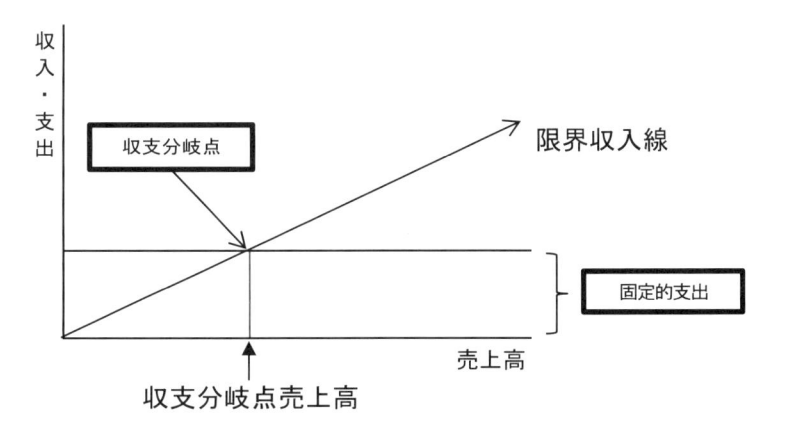

収支分岐点売上高は次のように求められます。

> 収支分岐点売上高＝　固定的支出÷限界収入率

（計算例）固定的支出 24,500,000 円、限界収入率 0.7 の場合
∴収支分岐点売上高＝24,500,000 円÷0.7＝35,000,000 円

> 限界収入率＝　（売上収入　－　変動的支出）÷売上高

（計算例）売上収入 29,500,000 円、変動的支出 8,500,000 円、売上高 30,000,000 円の場合
∴限界収入率＝（29,500,000 円－8,500,000 円）÷30,000,000 円＝0.7

b）　売上高と売上収入（変動費用と変動的支出）

　　収支分岐点分析を行うに当たり、損益計算上の概念である「売上高」と資金収支上の概念である「売上収入」は異なることに注意が必要です。「売上高」という収益に対して「売上収入」という場合、「売上高」として計上された金額が回収され、入金されたものが「売上収入」として認識されることになります。

　　売上収入は、売上高に期首売掛金を加え、期末売掛金を控除して算出されます。すなわち、売上収入は売上高という収益に対して売掛金という売上債権の回収状況を加味したものといえます。なお、変動費用と変動的支出についても同様です。

> 売上収入　＝　売上高＋（期首売掛金残高　−　期末売掛金残高）

（計算例）売上高 30,000,000 円、期首売掛金 1,000,000 円、
　　　　　期末売掛金 1,500,000 円の場合

∴売上収入＝30,000,000 円＋（1,000,000 円−1,500,000 円）＝29,500,000 円

c）　固定費と固定的支出

　　固定的支出は費用科目に該当する経常的支出に追加して、銀行からの長期借入金の元金返済額などを加えたものです。すなわち、損益分岐点分析における固定費を支出額に置き換えた額に銀行に対する返済額を加えたものです。

　　なお、固定的支出の具体的な計算方法は以下のとおりとなります。

> 固定的支出＝（経常的費用−減価償却費）＋（期首買掛金残高−
> 　　　　　　期末買掛金残高）＋長期借入金返済額等

（計算例）経常的費用 28,000,000 円、減価償却費 6,000,000 円、期首買掛金 2,000,000 円、期末買掛金 2,500,000 円、期首長期借入金 15,000,000 円、期末長期借入金 12,000,000 円（期中の借入はないものとする。）の場合

∴固定的支出＝（28,000,000 円−6,000,000 円）＋（2,000,000 円−2,500,000 円）＋（15,000,000 円−12,000,000 円）＝24,500,000 円

（6）　借入金分析

　借入金分析は、借入金としてどのような資金調達をしたのか、また返済をしていくのかを分析するものであり、財務キャッシュ・フローを把握するうえで重要なものです。

　返済期限が 1 年以内のものは流動負債とし、1 年超のものは固定負債として貸借対照表に表示されます。また、役員等から資金を借り受けた場合には、役員等借入金として区分して表示されることがありますが、一般に短期間で返済が行われることは少なく固定負債とされます。

　借入金分析として、次の指標があります。

①　有利子負債月商比率

　有利子負債月商比率とは、月商に対し何か月分の有利子負債（主に銀行借入や社債）を抱えているかを示す指標です。この数値が高いほど、安全性は低いとされます。

$$有利子負債月商比率　＝　\frac{短期借入金　＋　長期借入金　＋　社債}{売上高　÷　月数}$$

　（計算例）期末長期借入金 12,000,000 円（他の有利子負債はないものとする。）、売上高 30,000,000 円（月商 2,500,000 円）の場合

∴有利子負債月商比率＝12,000,000 円÷2,500,000 円＝4.8（4.8 ヶ月分の有利子負債）

②　債務償還年数

　債務償還年数は、有利子負債の返済にかかる年数を示し、企業の返済能力を表す財務指標の一つです。金融機関側にとって、融資先となる企業が全額返済までにどのくらいの期間を要するかを測り、格付けを行うための重要な財務指標となります。

　　債務償還年数＝要償還債務[※1]÷簡便的な営業キャッシュ・フロー[※2]

　　（※ 1 ）要償還債務＝借入金・社債・割賦の未払金－正常運転資金
　　　　　　（正常運転資金＝売上債権＋棚卸－仕入債務）
　　（※ 2 ）簡便的な営業キャッシュ・フロー＝経常利益＋減価償却費
　　　　　　　　　　　　　　　　　　　（法人税等を控除する場合もある）

③　借入金依存度

借入金依存度とは、総資産に対する借入金の割合を示す指標です。この数値が高いほど、安全性は低いとされます。

$$借入金依存度 = \frac{短期借入金 ＋ 長期借入金 ＋ 社債 ＋ 割引・裏書手形}{総資産 ＋ 割引・裏書手形} \times 100$$

（計算例）期末長期借入金 12,000,000 円（他の有利子負債はないものとする。）、総資産 50,00,000 円（割引手形及び裏書手形はないものとする。）の場合

∴借入金依存度＝12,000,000 円÷50,000,000 円＝0.24（24%）

④　売上高借入金比率　　（借入金／売上高×100）

売上高に占める借入金の比率を表す指標であり、値が大きいほど、売上高から見た借入金の負担が大きくなり、経営が不安定になる可能性が高くなります。

⑤　生産単位当たり借入金　　（借入金／経営耕地面積・頭数）

一定の生産単位（10a、1頭など）当たりの借入金の割合を表す指標です。値が大きいほど、単位当たりの面積や頭数から見た借入金の負担が大きくなり、経営が不安定になる可能性が高くなります。

(7)　キャッシュ・フロー分析

キャッシュ・フローは、次の3つに区分されます。

区分	内容
営業キャッシュ・フロー	経営存続の基盤である営業活動から得られるキャッシュ・フローであり、経営が順調な場合その額が基本的にプラスとなります。 　その額が大きくなればなるほど経営が順調であり、将来の事業展開のための先行投資が可能となります。しかし、マイナスになると他の活動からの不足補填が必要となり、営業活動の早急な改善が必要となります。
投資キャッシュ・フロー	投資活動すなわち事業設備等への投資によって得られる経営への流入・流出したキャッシュ・フローを示すものであり、中・長期的な視点からみた経営の展開状況や成長性を示します。 　通常は、マイナスが一般的ですが、あまりその額が大きくなると過大投資をもたらすことになります。その場合は、資産処分が必要となります。固定資産等の処分によってプラスの場合もあります。
財務キャッシュ・フロー	財務活動によって経営に流入、流出したキャッシュ・フローであり、借入が多いとプラス、返済が多いとマイナスを示します。 　借入金の増減を把握し、どの程度の資金が調達または返済されたかを示します。

　上記キャッシュ・フローを財務諸表から算出する場合、主に次の算式により求められます。

営業キャッシュ・フロー＝税引前当期純利益＋減価償却費＋貸倒引当金の増加額－売上債権の増加額＋棚卸資産の減少額－仕入債務の減少額－法人税等の支払額
投資キャッシュ・フロー＝固定資産等の売却収入－固定資産等の取得（支出）
財務キャッシュ・フロー＝借入金等の増加－借入金等の返済

　3つのキャッシュ・フローの関係は、三位一体の関係があります。例えば、財務キャッシュ・フローは、営業キャッシュ・フローのみでは投資に必要なキャッシュ・フローが不

足する場合、その不足分を調達するためプラス（＋）となります。投資が一段落すると資金調達の必要性がなくなり、財務キャッシュ・フローはマイナス（△）となります。

　理想的なキャッシュ・フローの型は、営業キャッシュ・フローがプラス（＋）であり、投資キャッシュ・フローがマイナス（△）、財務活動キャッシュ・フローが基本的にマイナス（△）です。

　この３つのキャッシュ・フローの特性の下に、その関係から経営を分析します。その組み合わせによって次のように分析できます。

区分	営業	投資	財務	コメント
①優秀経営	＋	△	△	この経営では、事業が順調で営業キャッシュ・フローはプラス、積極的な投資を行っているため投資キャッシュ・フローはマイナス、資金が潤沢にあり、借入金が順調に返済されて財務キャッシュ・フローはマイナス、従って優秀経営といえる。
②積極的投資経営	＋	△	＋	この経営では、事業は順調で営業キャッシュ・フローはプラス、積極的な投資のため投資キャッシュ・フローはマイナス、現状の資金に加えて順調に借入がなされて財務キャッシュ・フローはプラス、従って積極的な投資経営といえる。
③再建経営	＋	＋	△	この経営では、現状の事業でなんとか稼ぎ営業キャッシュ・フローはプラス、固定資産等の売却によって投資キャッシュ・フローはプラス、借入金の返済等で財務キャッシュ・フローはマイナス、従って再建経営といえる。
④明日への改革経営	△	△	＋	この経営では、現在の事業が不調で営業キャッシュ・フローはマイナス、他方、積極的投資がなされ投資キャッシュ・フローはマイナス、資金調達は順調であり財務キャッシュ・フローはプラス。従って明日に向けての改革経営といえる。
⑤危機的経営	△	＋	△	この経営では、現在の事業が不調であり営業キャッシュ・フローはマイナス、他方、固定資産等を売却して投資キャッシュ・フローはプラス、しかし借入金の返済等で財務キャッシュ・フローはマイナス、従って危機的経営といえる。
⑥倒産寸前経営	△	＋	＋	この経営では、現在の事業が不調で営業キャッシュ・フローはマイナス、他方、固定資産等を処分して投資キャッシュ・フローはプラス、しかし役員借入等でどうにか資金を調達し財務キャッシュ・フローはプラス、従って倒産寸前経営といえる。

また、キャッシュ・フローに関する指標として次のようなものがあります。

①　営業キャッシュ・フロー対有利子負債比率

　　長期借入金や社債といった有利子負債を、営業キャッシュ・フローでどの程度賄えるかを示す指標です。

$$\text{営業キャッシュ・フロー対有利子負債比率} = \frac{\text{営業キャッシュ・フロー}}{\text{有利子負債}} \times 100$$

②　営業キャッシュ・フロー対投資キャッシュ・フロー比率

　　営業キャッシュ・フローで投資キャッシュ・フローをどの程度賄えるかを示す指標です。この指標が仮に100%を割っている場合、財務キャッシュ・フローで調達するか、現在の手許資金の一部を使って投資活動を実施していることになります。

$$\text{営業キャッシュ・フロー対投資キャッシュ・フロー比率} = \frac{\text{営業キャッシュ・フロー}}{\text{投資キャッシュ・フロー}} \times 100$$

③　売上高対支払利息率

　　売上高対支払利息率は、売上高に対する支払利息の割合であり、売上高に対する金利負担を示します。この比率が低いほど経営は安定しています。

$$\text{売上高対支払利息率} = \frac{\text{支払利息}}{\text{売上高}} \times 100$$

4．その他の分析

（1）　作目別限界利益分析（作目別変動損益計算書）

　　経営改善のためには、変動益（売上高）や変動費などを作目別に分類し、どの作目の収益性が高く、どの作目に問題があるかを検証する必要があります。

①　変動益（売上高）

　　変動益には営業収益に属する項目のほか、作付助成収入を含みます（詳細は、第 1 章 3 （5）損益分岐点分析を参照ください）。

②　費用の区分（変動費と固定費）

　　変動費とは、一般的には売上高に比例して増減する費用をいいますが、農業では生産規模の増減に比例して変化する費用を変動費、それ以外の費用を固定費とします（詳細は、第 1 章 3 （5）損益分岐点分析を参照ください）。

③　作目別限界利益分析による判定

　　作目ごとに変動益（売上高）から変動費を控除して作目別限界利益分析を行った結果、作目毎の生産継続の可否は以下のとおり、判定することができます。

a）　限界利益が赤字の場合

　　限界利益とは、売上高から種苗費、肥料費、農薬費、諸材料費等の変動費を控除した後の利益額です。限界利益が赤字であれば、直接的な費用の額も捻出できない作目であるため、直ちに生産をやめるべきであると判定できます。

b）　限界利益は黒字であるが、固定費控除後の利益が赤字の場合

　　限界利益は黒字ですが、固定費控除後の利益が赤字の作目は、生産継続か否かの判定が難しいといえます。なぜなら、固定費の全額はカバーできないまでも、その一部はカバーできているため、代替作物が見つかれば生産中止もあり得ますが、代替作物が見つかる前に生産を中止すれば、カバーしていた固定費部分がマイナスになってしまうからです。

c）　固定費控除後の利益が黒字の場合（参考）

　　変動費、固定費をカバーできる作目であるため、当然生産継続と判定できます。

(2)　利益増減分析

①　利益増減分析の意義

　　利益増減分析は、売上高や仕入高の増減の原因が単価の増減によるものなのか、数量の増減によるものなのかを明らかにする方法です。

②　利益増減分析の算式

　　売上高は「単価×売上数量」で求められるため、前年度の売上高と当年度の売上高を要素別に分解し、要素別に差異額を算出することで利益増減分析を行うことになります。具体的には以下のように、売上高の増減額が数量差異額部分と価格差異額部分に分解されることになります。

売上増減額 $\begin{cases} \text{数量差異額＝（当年度数量－前年度数量）×前年度単価} \\ \text{価格差異額＝（当年度単価－前年度単価）×当年度数量} \end{cases}$

③　数量差異のさらなる分析

　　数量差異は、さらに面積差異と単位面積当たりの収穫量の差異のいずれかの影響が大きいかを分析することができます。

数量差異 $\begin{cases} \text{面積差異量＝（当年度面積－前年度面積）×前年度単収} \\ \text{単収差異量＝（当年度単収－前年度単収）×当年度面積} \end{cases}$

５．財務分析結果の利用

(1)　実数分析による結果

実数分析は決算書に記載された数値（金額）を用いる分析手法です。

①　増減分析

実数分析の代表的な手法である増減分析は、以下のとおり行われます。

a)　複数年度にわたる決算書の入手（最低三期分）

複数年度にわたる財務諸表を分析し、売上高や利益の推移、事業の趨勢を読み取ります。

b)　損益計算書項目の年度比較

損益計算書を段階利益ごとに時系列に並べ、年度比較を行い、各年度における前年度からの増減額を求めます。

c)　貸借対照表項目の年度比較

貸借対照表の資産、負債及び純資産の合計額を時系列に並べ、年度比較を行い、各年度における前年度からの増減額を求めます。さらに、資産を流動資産と固定資産、負債を流動負債と固定負債に分け、同様に増減額を求めます。

d)　勘定科目ごとの年度比較

損益計算書及び貸借対照表に計上されている勘定科目ごとの年度比較を行い、各年度における前年度からの増減額を求めます。

②　異常値の検出と原因究明

著しい増減が見られる項目の増減理由を確認します。

③　資産性（回収可能性）の検討

複数年度にわたり残高に変化がない項目を抽出し、売掛金や未収金残高の資産性（回収可能性）を確認します。

(2)　比率分析による結果

①　算出された比率の大小で評価せず、比較が必要

　　算出された比率を期間、同業他社、業界平均と比較することで、比率の適正値や目標値の把握が可能となります（参考資料：「農業経営動向分析結果」（日本政策金融公庫　農林水産事業））。

②　農業者の状況に応じた比率の選択が重要

　　決算書分析の対象となる農業者の営農類型や経営状況によって、使用すべき分析指標が異なるため、比率分析を行う前に、どの分析指標を選択すべきかを慎重に検討することが重要となります。

第2章　経営改善

1．経営改善診断

（1）　事前準備・情報の収集

　事業経営において改善すべき課題に取り組むに際し、利用する資料には二つの類型があります。一つは財務分析の諸資料、もう一つがその解決策を探る切り口となる非財務的検討手法です。すなわち一方の手に財務分析資料を携え、もう一方の手には検討の切り口となる非財務的分析手法を携えるのです。

①　財務分析資料

　財務分析資料としては、財務比率分析、実数分析、キャッシュ・フロー分析、損益分岐点分析、収支分岐点分析、作目別付加価値分析などがあります。これらは現状分析の結果としての資料であり、同時に改善計画を立案してゆく為のシュミュレーションの基礎資料となります。

a）　財務比率分析、実数分析

　いわゆる経営分析と言われるものの代表です。財務分析の手法を使って対象となる企業の経営分析を行い、そのうえで経年経過はどうであるか検討し、同業他社との比較、更には同一地域内の他の企業との比較を行うものです。そこから問題点を探り、改善すべき目標を定めることになります。

b）　キャッシュ・フロー分析

　現金の流れを損益と資金の両面から明らかにするものであり、近年重視されている損益状況と資金状況を一体的に把握する手段として利用されています。

c）　損益分岐点分析、収支分岐点分析

　損益分岐点分析は損益が均衡する売上高を算出するものであり、収支分岐点分析は収入と支出の額が均衡する売上高を探るものです。損益分岐点分析と収支分岐点分析を同時に行うことにより損益と資金の状況を一体的に把握できるようになります。

d）　作目別付加価値分析

　　　作目別に付加価値を算出するもので、作目別の採算性が把握できます。これにより、作付けの継続、廃止、新規作物の作付け等について検討できます。

②　非財務的分析手法による情報

　　経営改善策を検討するための代表的な非財務的分析方法として、以下のような8つの方法があります。

検 討 項 目	内　　　容
人　物　金　情報	人、物、金、情報という経営資源及び経営情報という観点から問題点を見直す手法
生産力　販売力　企画力	生産力、販売力、企画力といった生産技法、販売戦略等の観点から問題点を見直す方法
コンセプト　ターゲット　プロセス　ツール	コンセプト　ターゲット　プロセス　ツールといった経営戦略、販売戦略、意思決定論の観点から問題点を見直す方法
いつ　どこで　だれが　何を　なぜ　どうするか	いつ　どこで　だれが　何を　なぜ　どうするかといった経営管理論、組織論、マネジメント論の観点から問題点を見直す方法
現地　現物　現場主義	現地　現物　現場主義といった管理論、監督論、情報収集論の観点から問題点を見直す方法
天　地　人　法　道	天　地　人　法　道といった批判的戦略論から問題点を見直す方法
S　W　O　T	S（Strength）W（Weakness）O（Opportunity）T（Threat）といった経営戦略論の観点から問題点をみなす方法
PLAN　DO　SEE	PLAN　DO　SEEといった経営管理論の観点から問題点を見直すもの

(2)　経営分析結果のとりまとめ

　　経営改善診断は、チームの結成、事前準備、現地診断（診断会議）、事後のフォローと進めます。農業の経営改善診断の特徴として挙げられるのは、診断をサポートする機関が多いことです。JA 営農指導員、農業改良普及員、農業会議職員等の協力を得て進めたいものです。

(3)　非財務情報を用いた経営改善手法
①　バランスト・スコアカード（BSC）の活用
a）バランスト・スコアカード（BSC）とは

　　非財務情報を用いた経営改善手法として、バランスト・スコアカード（Balancced Scorecard：以下、BSC）の活用が考えられます。BSCは、非財務的指標を用いた業績評価システムとして 1992 年に Kaplan&Norton によって提唱されたものであり、その後戦略と業績評価指標の整合性を保つ戦略的マネジメントシステムとして体系付けられたものです。

（参考）　４つの視点のイメージ

（出典：吉川（2001）３頁をもとに作成）

　　BSCの手法は、ビジョンと戦略から「財務の視点」「顧客の視点」「社内ビジネスプロセスの視点」「学習と成長の視点」の４つの視点ごとに戦略目標を設定し、戦略目標達成のための重要業績評価指標を決定していくものです。

○　財務の視点

　　企業の株主や会社債権者といったステークホルダーに対して説明責任を果たすため、財務的な指標の向上を目指すものです。

　　業績評価尺度：営業利益、経常利益、投資利益率（ＲＯＩ）、残余利益（ＲＩ）

○　顧客の視点

　　企業の顧客に対して適切な製品やサービスを提供できているのかを測る視点です。

　　業績評価尺度：顧客満足度、顧客リピート率

○　社内ビジネスプロセスの視点

　　企業内部のビジネスプロセスが適切に運用されているかを測る視点です。

　　業績評価尺度：不良品率、納期の遵守率

○　学習と成長の視点

　　企業の組織構成員の能力の高さや意識の高さを測る視点です。

　　業績評価尺度：従業員満足度

　　ＢＳＣの実施に当たっては、戦略の因果連鎖を明確にするために戦略マップが作成されます。戦略マップは一般的に収益増大戦略ないしはコスト削減を中心とする生産性向上戦略を基盤として構成されることになり、戦略を可視化し修正するためのツールとなるものです。

（参考）戦略マップの具体例

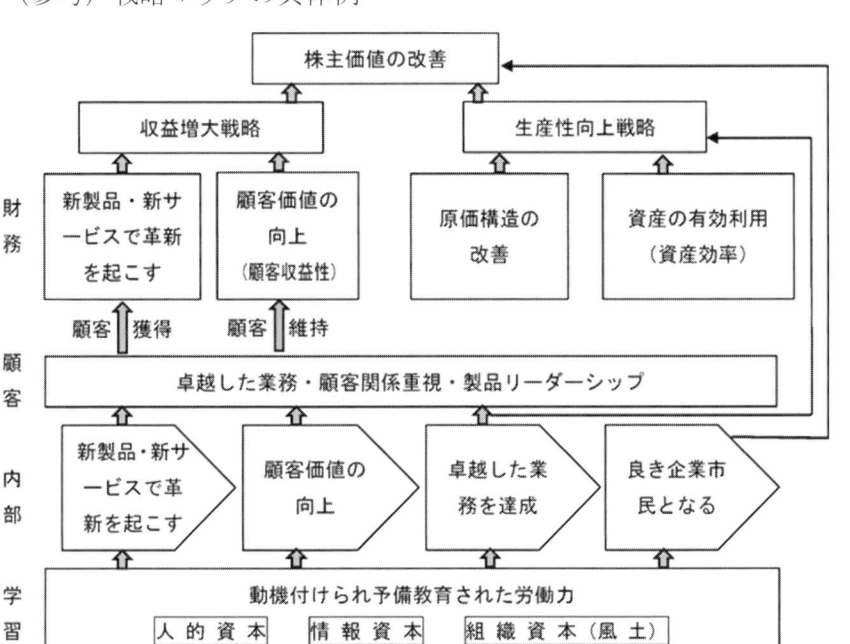

（出典：Kaplan&Norton（2001）132 頁をもとに作成）

ｂ）ＢＳＣの農業経営への利用

　ＢＳＣを農業経営にも利用することができないかという模索は、農業経営学や農業会計学の先行研究においてなされるようになってきています。農業法人など多数の従業員を雇用して農業生産を実施するようになった場合、法人全体の戦略を組織構成員一人ひとりまで浸透させ、個々人の目標設定が法人全体の戦略達成にまで到達するという因果連鎖を明確にすることができるという点にＢＳＣを用いることの貢献が示唆されてきています。

　農業経営にＢＳＣを利用する場合には、一般的な企業経営とは異なり「地域（資源）の視点」や「環境の視点」といった農業独自の視点を創設することも広く主張されています。「地域（資源）の視点」では、地元密着型の農業経営を志向して農産物の出荷を行うことや、地域の人材を積極的に採用することによって地元経済への貢献を行うなどを目標とした業績評価尺度が考えられます。また「環境の視点」では、地元地域環境のみならず、地球環境への貢献や配慮までも業績評価尺度として取り入れることも考えられます。

（参考）地域資源の視点を入れた戦略マップ

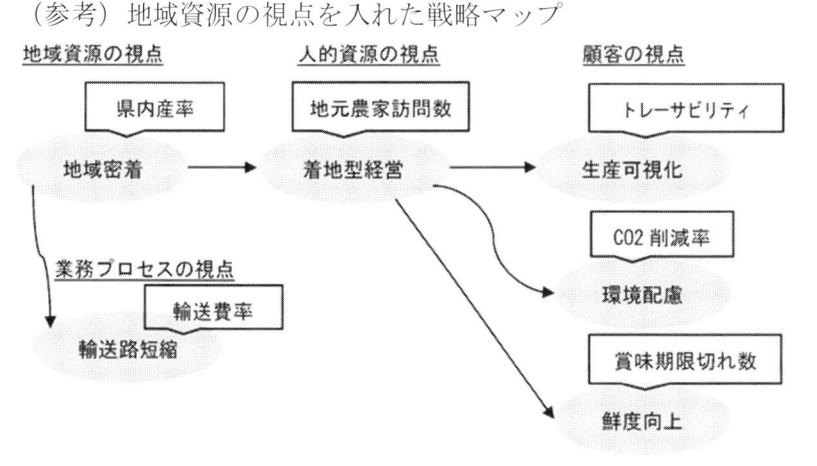

（出典：小野（2012）110 頁）

（参考）

　一般的な営利企業であれば「財務の視点」が、最終的に達成すべき最上位の視点として位置づけられることが多いと考えられますが、農業経営の場合には、純粋な営利追求だけではなく、非営利性のある活動も求められることも多いことから「地域（資源）の視点」などが最上位の視点として位置づけられることも多くあると考えられます。いずれにせよ、農業経営においても、自らの視点にどのようなものが設定できるのか、戦略マップを作成し、各視点の戦略目標との因果連鎖を組織構成員全員で議論することが重要であり、組織構成員の気づきを促し、モチベーションの向上に繋げるとともに、従来は発見することのできなかった新たな農業経営の改善方策を見つけ出すために、ＢＳＣは有効なツールとなると考えられるのです。

②　５フォース分析による経営改善手法

　農業経営の経営改善を実施するためには、農業経営の置かれている経営環境を的確に把握する必要性があります。農業経営の置かれている環境を正確に把握するための手法として、M．E．ポーターの提唱した５フォースモデルがあります。経営環境の置かれる業界内の競争要因として以下の図にあるような５つの要因が存在すると考えられています。

（参考）M．E．ポーターの５つの競争要因

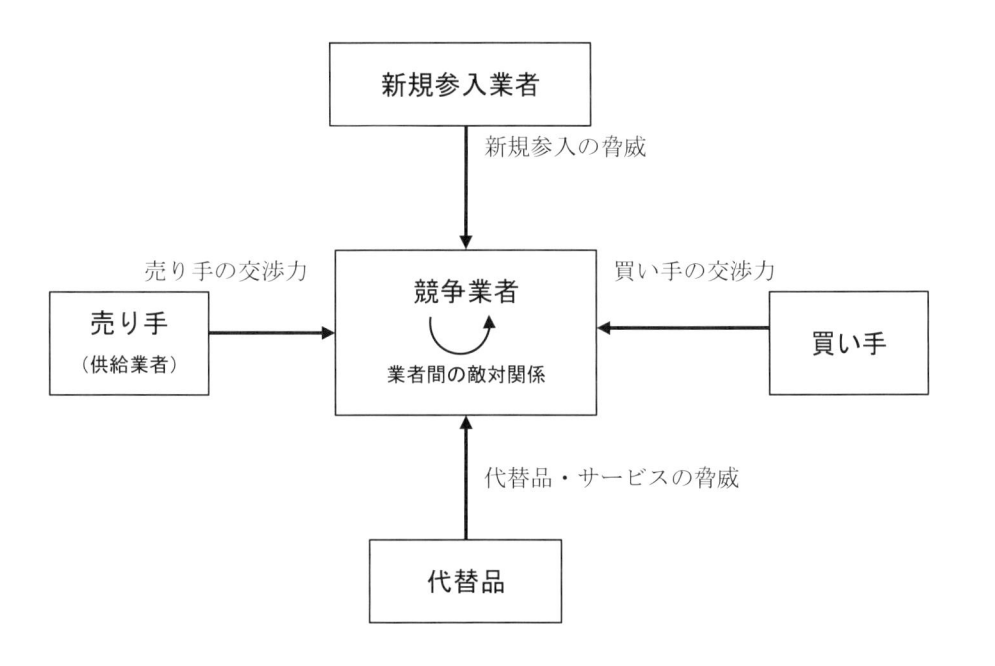

（出典：Porter.M.E（1985）8頁）

　　○　新規参入業者
　　　　業界に新たに参入する企業によってもたらされる脅威のことです。
　　　　農業経営の周辺地域や業界において、新規の一般事業会社等が農業法人を設立して農業経営に進出してくるような場合、従来自分たちが生産していた農産物の価格の低下などを招くというリスクが発生することになります。
　　○　代替品
　　　　従来自社が生産していた製品やサービスに代替品が生まれることによって、自らの収益性が低下するなどのリスクが生じることです。
　　　　たとえば、安価な肉牛が市場に投入されることによって豚肉の需要が奪われ養豚業者の収益性が低下するケースです。

○　売り手の交渉力

　供給業者と自社との力関係によって自社の経営環境が大きく影響を受けること
です。

　たとえば、種苗会社や肥料会社に価格決定権などが一般的に存在するため購入す
る農業経営者は種苗や肥料の調達に際して価格の影響を受けることになります。
そのため、コストダウンを目指す場合でも種苗会社や肥料会社を選択することが
難しい場合には、種苗費や肥料費は低減を図ることが難しくなるのです。

○　買い手との交渉力

　自社の製品やサービスの買い手との力関係に関することです。

　農産物をスーパー等の大手企業にのみ販売しているような場合には、大手スー
パーの交渉力が強い場合が多く、農業生産者は収益性向上のために価格の値上げ
などを行うことが困難となるケースが多くなります。

○　競争業者

　業界内の競争敵対関係の強弱によって、自社の経営が大きな影響を受けるという
ことです。

　農業生産者が付加価値の高い農産物を生産しているような場合には、敵対関係に
ある競業他社が少ないことになりますが、一般的な品質の農産物を生産している
ような場合には業界内の他の農業生産者の影響を強く受けることになります。

③　経営戦略策定による経営改善方策の模索

　経営戦略の策定を行うことは、経営改善の道筋を示す第一歩になります。経営戦略
を策定するためには、経営の外部環境と内部環境の分析が必要になりますが、その際
にＳＷＯＴ分析が有効になります。外部環境分析では、外部にある何がチャンス（機
会）であり、何が脅威と捉えるかを明らかにします。また、内部環境分析では、自ら
の経営資源の何が強みであり、何が弱みなのかを明らかにすることになります。

　経営戦略は、事業ドメインの決定（どのような領域で勝負するのか？）、資源展
開、競争優位性、相乗効果（シナジー効果）の手順を踏むことになります。

○　事業ドメインの決定

　企業がどこで戦うのか事業領域を決定することです。

　農業経営であれば作目を特定することや、地域への貢献をする農業経営など自ら
の進むべき方向性を決定することです。

○　資源展開

農業経営者の手元にある経営資源をいかに活用していくのかを決定することです。

生産農地や作業人員など農業経営にはさまざまな経営資源が必要であり、いかに有効に資源配分を行うかが大切です。

○　競争優位性

前述した５つの環境要因を分析することによって、自らが他の事業者と比較し、優れている点（競争優位性）を確立することです。

○　相乗効果（シナジー効果）

事業領域（ドメイン）の決定や資源展開の中で効果的かつ効率的に各事業分野が影響し合うように設計することです。

④　３つの競争戦略による経営改善の方向性の確定

競争優位性を自覚したうえで企業は競争戦略を決定することになります。その際に競争戦略は３つに区分されることになります。いずれの基本戦略に立脚していくかを決めることは非常に重要であり、３つの戦略の間を中途半端に行き来するような経営行動が最も危険であるといえます。

（参考）　３つの競争戦略

		競　争　優　位	
		他社より低いコスト	差別化
戦略ターゲットの幅	広いターゲット	コスト・リーダーシップ	差別化
	狭いターゲット	コスト集中	差別化集中

（出典：Porter.M.E（1985）16頁）

○　コスト・リーダーシップ戦略

競合他社と比較して低価格で同一の製品やサービスを提供する戦略であり、コスト低減を図ることによって実現するものです。

農業経営においても、農産物原価を競合生産者よりも引き下げることによって、低価格で販売することが可能となります。

○　差別化戦略

他社の提供する製品や、サービスとの差別化を図ることによって、競争優位性を獲得する戦略です。

農業経営において農産物の高付加価値化を実現し、生産する農産物の差別化を図ることによって、業界において優位な位置を占めるような場合がこれに該当します。

○　集中（ニッチ）戦略

狭いターゲットに対して、前述のコスト・リーダーシップ戦略ないし差別化戦略をとるものです。

（4）環境問題への配慮

　近年、ＳＤＧｓ（持続可能な開発目標）や地球温暖化、生物多様性に関する関心が高まってきており、農業経営においてもこれらを意識した経営計画の作成が求められるようになってきているといえます。また、農林水産省では食料・農林水産業の生産力向上と持続性の両立をイノベーションで実現する「みどりの食料システム戦略」を策定しています。令和６年５月に成立した改正食料・農業・農村基本法においても新たな基本理念として、環境と調和のとれた食料システムの確立について規定されています。そこで、以下香川他（2023）の記述に基づいて、農業経営計画の立案にあたっての環境問題への配慮を考察していきたいと思います。

①ＥＳＧの概念と系譜 （香川他、2023、154—156 頁を要約）

　ＥＳＧとは、環境（Environment）、社会（Social）、ガバナンス（Governance）の略です。投資家が法令遵守（コンプライアンス）や情報開示、ステークホルダーとの対話等に係る企業統治（ガバナンス）を適切に行っているのかをフィルタリングし、そこに投資することをＥＳＧ投資と呼びます。企業はむしろ戦略的にＥＳＧに取り組み、関連する情報を作成開示することで新たな出資を募りビジネスチャンスを獲得しようとします。このＥＳＧに取り組む企業のことをＥＳＧ経営、ＥＳＧ経営が作成・開示する情報をＥＳＧ情報と呼び、貨幣的なものだけでなく、環境問題に関連した物量情報（CO_2排出量や廃棄物発生量など）や社会貢献、企業統治に関する記述的な情報も含まれることになります。

　1960 年代から 70 年代にかけて公害問題などを要因として「社会責任会計」や「企業社会会計」という研究領域が誕生したものの、1980 年代以降の市場競争原

理・利益追求の進展で一時沈静化しました。その後、資源の有限性や地球環境問題への関心の高まり等を受けて、企業活動と環境問題の観点や環境問題全般を会計の枠組みで捉えることを目的とした「環境会計」が発達し、多くの企業が環境関連の報告書を発行するようになりました。さらに企業不正などの増加を受けて、企業の社会活動や環境活動に関する議論は諸問題を発展的に吸収したＣＳＲ（Corporate Social Responsibility：企業の社会的責任）問題に転化し、多くの企業がこれらに関する情報開示を財務諸表とは別建ての「ＣＳＲ報告書」等の形態で行うようになったのです。

さらに、2011年にはポーターがＣＳＶ（Creating Shared Value：共通価値の創造）を提唱しました。これは、事業として社会的な価値と経済的な価値（利益）の向上を両立し、事業展開によって社会的価値を戦略的に生み出すことを通して競争的優位を確保することを目指すものであり、企業本来の利益とはトレードオフの関係にある「社会的に望ましいこと」を行うことを目指すＣＳＲとは異なるものです。

ＥＳＧはＣＳＶの延長線上の概念・考え方だといえますが、ＥＳＧが注目されるようになった理由としては2015年に国連で採択されたＳＤＧｓ（持続可能な開発目標）の影響も大きいと考えられます。持続可能社会において企業が社会的な価値を生み出すためには企業そのものが持続的に存立・発展せねばいけません。そのためには、社会的価値を生み出すことが企業の利益につながるような仕組みを工夫する必要があり、そうした企業こそが長期的に発展することが可能になるというロジックです。そして、そこでは非財務情報が「持続的な企業の成長力の源泉を示す情報」と捉えられているのです。

②ＥＳＧ情報と農業会計 （香川他、2023、156—159頁を要約）

農業分野においても環境会計やＣＳＲ会計に関する研究が行われていた時期には、農業経営が社会や環境等に関わる情報を作成・開示するインセンティブとなるような要因が増大すると期待されていましたが、実際はそうはなりませんでした。現在においても、農業経営がＥＳＧ活動に積極的に取り組むような社会情勢にあるとは必ずしも言えませんが、状況が変化する兆しは生じつつあります。実務的にもそうした動きは存在しています。

2021年の東京オリンピック・パラリンピックでは選手村で使用する農産物の調達基準としてＧＡＰ（Good Agricultural Practices：農業生産工程管理）認証が採用されました。地域の活性化や雇用なども含む人や社会・環境に配慮した消費行動である「倫理的消費＝エシカル消費」の拡がりがそうした動きを一層加速させると考えられます。人権ガイドラインでは原材料の供給者にも人権規範の遵守

を求める企業も存在しており、食品加工会社が農業者にそれを求めるようになる可能性もあります。さらに、一般企業ではカーボンアカウンティング（炭素会計：企業の活動が温室効果ガスの排出・削減にどの程度関与したのかを算定・集計する取り組み）が導入されつつあり、グリーンボンド（企業等が環境活動他のグリーンプロジェクトに要する資金を調達するために発行する債権）の発行も検討されています。農業分野ではそれらに関する目立った取り組みは見られないものの、それに準じる動きは生じつつあります。省エネルギー設備の導入や再生可能エネルギーの利用による温室効果ガスの排出削減量等を「クレジット」として国が認証する制度＝Ｊ−クレジットを活用して収益を獲得する農業経営が出現してきています。さらにＳＮＳやクラウドファンディング等を活用して持続可能型・環境保全型の営農情報を発信し、資金調達や農産物の直接販売につなげる経営も出現してきています。

　このように、環境保全や社会貢献に関わる活動がビジネスチャンスに転化するケースが増えてきています。農業経営がこの種の活動に取り組む際の問題点は、情報の内容や表示に関する統一的なひな型や指針が存在しないことです。農業会計学や農業経営学の領域においても、これらの情報開示の規格化・定型化に関する研究が期待されているといえるのです。

　ＳＤＧｓ（持続可能な開発目標）や地球温暖化、生物多様性といった環境問題への配慮は、今後農業経営においてより求められるようになってくることは確実です。自然環境と密接な関わり合いを基盤とする産業である農業経営は、他産業以上に環境問題への配慮が経営活動に直結するはずです。農業経営者は、環境問題への配慮を意識して、経営改善や経営計画の立案が求められることを常に念頭おくべきと考えられるのです。

２．経営改善の事例

(1)　収益性改善事例

①　経営概要

名称	農事組合法人　Ａ
設立	1980 年 6 月 1 日設立
出資金	700 万円
地域特性	都府県・平地農業地域（青森県青森市）
営農類型	稲作＋作業受託
事業規模	作付面積 9 ha（賃借権 9 ha） 稲作 7 ha、生産量 37,800kg、大豆 2 ha、生産量 3,000kg 作業受託面積 60ha（稲作）
労働力	Ａ氏（組合長）、従業員Ｂ、従業員Ｃ
主要資本装備	トラクター、田植え機、コンバイン

②　事業内容

　　地域における水稲の基幹作業の受託を主体とした農事組合法人です。最近では、地域内の離農者等の水田を賃貸借契約で引き受けるようになり、耕作放棄地発生の抑制に寄与しています。地域における役割は年々増大し、経営面積が拡大しています。常勤雇用はなく、若手組合員が、自らの農業経営の傍ら、地域の農業維持のために主要オペレーターを担当しています。

③　認識している経営の課題

　　a)　経営面積が増加傾向にあるが、これを担えるオペレーターの確保が難しい。

　　b)　近年は、コスト増により経営が赤字傾向にあるため、組合の存続に不安がある。

④　財務内容

貸借対照表（20×1/12 期　単位：千円）

（流動資産）		（流動負債）	
現預金	56,717	未払金	1,700
売掛金・未収入金	1,320	預り金	1,370
その他流動資産	8,251		
流動資産合計	66,288	流動負債合計	3,070
（固定資産）			
建物・構築物	92,425	（固定負債）	
機械装置	81,514	組合員預り金	23,241
工具器具備品	3,300	長期未払金	25,789
減価償却累計額（※）	△158,700	固定負債合計	49,030
土地	9,266	負債合計	52,100
（投資その他の資産）		（純資産）	
出資金	1,340	出資金	7,000
保険積立金	840	繰越利益剰余金	37,173
固定資産合計	29,985	純資産合計	44,173
資産合計	96,273	負債純資産合計	96,273

（※）内訳（千円）：建物・構築物 89,674　機械装置 67,656　工具器具備品 1,370

損益計算書（20×1/12 期　単位：千円）

売上高		
作業受託収入	16,190	
製品売上高	6,010	
価格補填収入	600	
		22,800
売上原価		
製造原価	26,063	
売上総利益		−3,263
販売費及び一般管理費		
役員報酬	986	
動力光熱費	408	
租税公課	290	
消耗品費	201	
通信費	130	
共済掛金	362	
支払報酬	182	
雑費	102	
		2,661
営業利益		−5,924
営業外収益		
作付助成収入	867	
雑収入	1,524	
		2,391

製造原価報告書

種苗費	1,556
肥料費	1,700
農薬費	1,192
諸材料費	1,100
	5,548
賃金手当	7,100
福利厚生費	150
	7,250
燃料費	950
農地賃借料	1,200
作業委託料	5,179
賃借料	826
諸会費	560
減価償却費	3,830
修繕費	720
	13,265
当期製品製造原価	26,063

経常利益	−3,533
税引前当期純利益	−3,533
法人税・住民税	70
当期純利益	−3,603

⑤　財務分析

第１章で学んだことをもとに、以下の分析を行いました。

農事組合法人Ａ　財務分析

【収益性分析】

総資本経常利益率（％）	-3.7%
売上高総利益率（％）	-14.3%
売上高営業利益率（％）	-26.0%
売上高経常利益率（％）	-15.5%
売上高当期純利益率（％）	-15.8%
総資本回転率（回）	0.2
固定資産回転率（回）	0.8
売上高材料費比率	24.3%

【安全性分析】

当座比率（％）	1890.5%	
流動比率（％）	2159.2%	
固定長期適合率（％）	32.2%	
自己資本比率（％）	45.9%	
経常収支比率（％）	101.2%	*1
経常収支尻	297	
売上高現預金比率（％）	248.8%	

【生産性分析】

付加価値（日銀方式を採用）（千円）	10,849	
付加価値労働生産性（千円）	3,616	
付加価値労働分配率（％）	75.9%	
単収（kg）　水稲	540	*2
単収（kg）　大豆	150	*2
生産単位当たり農業用固定資産額（千円）	206	*3
土地生産性（千円）	253	*4
農業従事者１人当たり経常利益（千円）	-1,178	

*1 実際の収支は不明、PL上の値で試算

　＝（22,800+2,391）/（5,548+7,250+13,265+2,661-3,830）×100

*2 生産単位＝10a

*3 {（92,425＋81,514＋3,300－158,700）÷900a}×10

*4 22,800/900a×10

【収益性分析】

　結果はいずれもマイナスであり、収益性はよいとはいえない状況です。水稲経営では、売上高総利益率がマイナスとなっても、作付助成収入（大豆や飼料用米などの生産に取り組むことにより得られる）が営業外収益に計上されることで売上高経常利益率はプラスに回復するのが一般的です。当法人は、作付助成収入を加味しても、売上総利益の赤字をカバーできていません。

【安全性分析】

　当座比率・流動比率、売上高現預金比率とも良好で現預金の準備は潤沢です。経常収入・支出は、実際の収支の情報がないため、簡便的に以下の算式により計算したところ、若干のプラスとなります。毎期このような経常収支であると仮定すると、現預金が潤沢である理由が不明です。

　経常収入＝22,800千円（売上高）＋2,391千円（営業外収益）＝25,191千円

　経常支出＝5,548千円（材料費）＋7,250千円（労務費）＋13,265千円（経費）＋2,661千円（販管費）−3,830千円（減価償却費）＝24,894千円

【生産性分析】

　単収（主食用米540kg、大豆150kg）は、青森県の統計推定値（主食用米627kg[*1]、大豆161kg[*1]）と比較すると改善を要する状況にあります。

[*1]　政府作物統計調査「作物統計（普通作物・飼料作物・工芸農作物）令和元年産」より

　付加価値額の計算

　当期純利益＋（役員報酬＋賃金手当＋福利厚生費）＋（賃借料＋支払地代＋租税公課＋減価償却費）−3,533＋（986＋7,100＋150）＋（290＋826＋1,200＋3,830）＝10,849千円

　付加価値労働生産性：10,849千円÷3名＝3,616千円

　付加価値労働分配率：（986＋7,100＋150）÷10,849千円＝75.9%

(2)　安全性改善事例

①　経営概要

名称	B株式会社
設立	1999 年 3 月設立
出資金	1,000 万円
代表者	B氏（60 代）
地域特性	都府県・平地農業地域（神奈川県秦野市）
営農類型	野菜
事業規模	2 ha
常時従事者	3 名（ほかにパートタイマー）
主要資本装備	トラクター3 台、ロータリー、プラソイラ、籾摺り機、精麦機、製粉機、大豆脱粒機、大豆選別機など

②　事業内容

　ハウスと露地で、多品目の野菜を栽培し、周年で収入を得られる輪作体制を取っています。経営について分析を行ったことはなく、長年の経験に頼った農業経営をしています。今期に入って債務超過に陥っています。

③　認識している経営の課題

　　a)　赤字体質

　　b)　過大投資

④ 財務内容

貸借対照表（単位：千円）	20×1/9	20×2/9	20×3/9
現預金	1,062	2,282	2,026
売掛金	152	135	252
棚卸資産	956	999	802
その他流動資産	1,224	125	243
流動資産合計	3,394	3,541	3,323
建物・構築物	3,466	3,466	3,466
機械装置	12,704	12,704	12,704
工具器具備品	1,920	1,920	1,920
減価償却累計額	-2,535	-4,611	※-6,761
固定資産合計	15,555	13,479	11,329
資産合計	18,949	17,020	14,652
買掛金	128	118	140
未払費用	585	540	995
未払法人税等	70	70	70
未払消費税等	636	333	302
短期借入金	2,552	2,773	2,807
流動負債合計	3,971	3,834	4,314
長期借入金	11,221	10,861	10,825
固定負債合計	11,221	10,861	10,825
負債合計	15,192	14,695	15,139
資本金	10,000	10,000	10,000
繰越利益剰余金	-6.243	-7,675	-10,487
純資産合計	3,757	2,325	-487
負債・純資産合計	18,949	17,020	14,652

※内訳（千円）：建物・構築物 850　機械装置 5,179　工具器具備品 732

損益計算書（単位：千円）	20×1/9	20×2/9	20×3/9
製品売上高	12,282	14,990	13,630
製造原価	8,757	11,462	12,101
売上総利益	3,525	3,528	1,529
販売費及び一般管理費			
役員報酬	1,800	1,800	1,800
給料手当	628	701	865
福利厚生費（法定含む）	409	456	619
水道光熱費	510	665	678
租税公課	374	517	403
消耗品費	564	725	598
荷造運賃	428	302	246
減価償却費	432	650	771
その他費用	585	544	572
	5,730	6,360	6,552

	20×1/9	20×2/9	20×3/9
営業利益	-2,205	-2,832	-5,023
営業外収益			
一般助成収入	1,444	1,240	2,120
受取利息・雑収入	110	242	193
	1,554	1,482	2,313
営業外費用			
支払利息	23	12	32
	23	12	32
経常利益	-674	-1,362	-2,742
税引前当期純利益	-674	-1,362	-2,742
法人税・住民税及び事業税	70	70	70
当期純利益	-744	-1,432	-2,812

製造原価報告書(単位:千円)	20×1/9	20×2/9	20×3/9
材料費			
種苗費	440	305	599
肥料費	386	824	526
農薬費	102	351	173
期首材料棚卸高	201	232	510
期末材料棚卸高	-232	-510	-365
	897	1,202	1,443
労務費	3,755	5,146	6,102
製造経費			
動力光熱費	727	718	636
修繕費	813	1,152	1,329
農地賃借料	360	360	360
賃借料	373	348	403
農具費	217	390	233
減価償却費	1,220	1,426	1,379
その他製造費用	449	485	164
	4,159	4,879	4,504
当期総製造費用	8,811	11,227	12,049
期首仕掛品棚卸高	670	724	489
期末仕掛品棚卸高	-724	-489	-437
当期製品製造原価	8,757	11,462	12,101

⑤　財務分析

第１章で学んだことをもとに、以下の分析を行いました。

Ｂ株式会社　財務分析	20×1/9	20×2/9	20×3/9	
【収益性分析】				
総資本経常利益率	-3.6%	-8.0%	-18.7%	
売上高総利益率	28.7%	23.5%	11.2%	
売上高営業利益率	-18.0%	-18.9%	-36.9%	
売上高経常利益率	-5.5%	-9.1%	-20.1%	
売上高当期純利益率	-6.1%	-9.6%	-20.6%	
総資本回転率（回）	0.6	0.9	0.9	
固定資産回転率（回）	0.8	1.1	1.2	
売上高材料費比率	7.3%	8.0%	10.6%	
【安全性分析】				
当座比率	30.6%	63.0%	52.8%	
流動比率	85.5%	92.4%	77.0%	
固定長期適合率	103.9%	102.1%	109.6%	
自己資本比率	19.8%	13.8%	-3.3%	
売上高現預金比率	8.6%	15.2%	14.9%	
【生産性分析】				
付加価値（日銀方式）（千円）	8,700	10,054	9,992	*1
付加価値労働生産性（千円）（日銀方式）	2,900	3,351	3,331	
付加価値労働分配率（日銀方式）	75.8%	80.6%	93.9%	
農業従事者１人当たり経常利益（千円）	-225	-454	-914	
【成長性分析】				
売上高増加率	***	22.0%	-9.1%	*2
経常利益増加率	***	-102.1%	-101.3%	
【借入金分析】				
有利子負債月商比率	13.46	10.91	12.00	
債務償還年数	14.09	19.59	-19.21	*3
借入金依存度	72.7%	80.1%	93.0%	
売上高借入金比率	112.1%	91.0%	100.0%	
生産単位当たり借入金	689	682	682	*4

*1 経常利益＋（役員報酬＋給与手当＋福利厚生費＋労務費＋支払利息＋賃借料＋小作料＋租税公課＋減価償却費

20×1/9 の付加価値（日銀方式）の算定

－674＋（3,755＋1,800＋628＋409）＋23＋373＋360＋374＋1,220＋432＝8,700 千円

*2 前年との比較

*3（短期借入金＋長期借入金-（売掛金＋棚卸資産-買掛金））/（経常利益＋（販）減価償却費＋（製）減価償却費-法人税等）

*4 生産単位＝10a

【収益性分析】

売上高総利益率以外は全てマイナスです。売上高利益率は 30％を下回っており、製造コストが高すぎる傾向が見られます。好材料としては、売上高材料費比率が著しく良好であり、技術力が高いことが窺える点です。

【安全性分析】

当座比率・流動比率は低く、短期資金の不足が懸念されます。固定長期適合率は、直近の１年以外はプラスで推移しています。自己資本比率は、低い値で推移し、直近期は債務超過に陥っています。

【生産性分析】

経常利益は赤字ですが、少ない人数で生み出している付加価値額は低いわけではないといえます。しかしながら、利益を出せていない点が問題です。

【成長性分析】

マイナスが続いており、改善が必要です。

【借入金分析】

業績に比して、借入金が過大であると認められますが、借入金の内訳について確認する必要があります。借入金のうち、株主である役員からの借入がどのくらいあるかによって判断が変わります。

（参考）統計データについて

　　　財務分析により得た財務指標は、他の経営の指標や標準的な指標と比較することにより、経営分析、経営改善に生かすことができます。農業では、国のほか、都道府県や地方農政局が地域の農業経営に関するデータを公表しています。同じ作目であっても経営規模や地域によって数値が大きく異なることも珍しくないため、可能な限り小さな単位の指標を用います。また、統計データを用いる際には、データの基礎とされた経営のプロフィール、（優良経営体のみを対象としている、個人経営を対象としている、法人経営を対象としている、など）を把握したうえで活用する必要があります。

　　　参考に、以下にインターネット上で公開されている政府統計データを紹介します。

【農業経営統計調査】

個人経営の場合は「個別経営体」法人経営の場合は「法人経営体」の統計を活用します。

参考として以下水田作経営（個人経営体）の資料を一部抜粋して掲載する。

1　営農類型別経営統計
（1）　水田作経営
　　ア　全農業経営体

　　　　　（ｱ）　経営の概況

　　　　　　　　a　経営体の概況

区分		集計経営体数	水田作作付延べ面積	農業従事者数			労働時間		経営主の平均年齢
				計	経営主・有給役員・家族	雇用者	自営農業	農業生産関連事業	
		(1)	(2)	(3)	(4)	(5)	(6)	(7)	(8)
		経営体	a	人	人	人	時間	時間	歳
水田作経営　全国									
（水田作作付延べ面積）	(1)	1,027	278.8	3.76	2.48	1.28	1,003	9	69.8
5.0ha未満	(2)	557	118.7	3.27	2.42	0.85	693	5	70.5
5.0〜10.0	(3)	119	720.9	5.61	2.92	2.69	2,399	3	64.5
10.0〜15.0	(4)	72	1,202.3	6.66	2.97	3.69	3,236	35	65.0
15.0〜20.0	(5)	43	1,736.6	7.89	3.00	4.89	3,470	135	59.4
20.0〜30.0	(6)	65	2,393.7	12.31	3.41	8.90	4,370	22	60.5
30.0〜50.0	(7)	61	3,804.5	15.78	3.18	12.60	6,620	153	62.7
50.0ha以上	(8)	110	8,740.1	17.75	3.89	13.86	13,987	292	62.1
北海道	(9)	67	1,166.2	4.79	2.43	2.36	2,526	−	59.5
都府県	(10)	960	252.6	3.72	2.48	1.24	960	9	70.1
（全国農業地域別）									
東北	(11)	266	305.1	4.30	2.67	1.63	1,187	7	69.6
北陸	(12)	157	385.9	4.22	2.46	1.76	963	9	71.2
関東・東山	(13)	168	218.7	3.46	2.37	1.09	924	3	70.8
東海	(14)	69	358.5	3.26	2.48	0.78	1,247	17	67.2
近畿	(15)	75	170.0	3.14	2.38	0.76	618	6	69.6
中国	(16)	85	150.5	3.98	2.72	1.26	873	14	72.3
四国	(17)	25	64.5	2.36	2.00	0.36	328	11	68.7
九州	(18)	115	272.1	3.66	2.39	1.27	1,037	14	69.1

1　営農類型別経営統計
（1）　水田作経営
ア　全農業経営体

b　事業収支の概要

区分		事業収入 ①	事業支出 ②	営業利益 ③=①-②	営業外収益 ④	営業外費用 ⑤	経常利益 ③+④-⑤
		(1)	(2)	(3)	(4)	(5)	(6)
		千円	千円	千円	千円	千円	千円
水田作経営　全国							
（水田作作付延べ面積）	(1)	3,767	4,469	△702	966	15	249
5.0ha未満	(2)	2,234	2,625	△391	296	3	△98
5.0〜10.0	(3)	9,042	10,274	△1,232	2,405	58	1,115
10.0〜15.0	(4)	14,557	15,405	△848	4,212	59	3,305
15.0〜20.0	(5)	19,612	21,774	△2,162	6,221	111	3,948
20.0〜30.0	(6)	22,161	26,756	△4,595	10,482	168	5,719
30.0〜50.0	(7)	34,155	42,236	△8,081	15,996	96	7,819
50.0ha以上	(8)	71,574	101,484	△29,910	43,046	898	12,238
北海道	(9)	13,001	15,405	△2,404	5,068	98	2,566
都府県	(10)	3,494	4,146	△652	845	13	180
（全国農業地域別）							
東北	(11)	3,973	4,822	△849	1,071	21	201
北陸	(12)	4,748	5,103	△355	985	22	608
関東・東山	(13)	3,343	4,168	△825	802	5	△28
東海	(14)	5,797	5,849	△52	893	10	831
近畿	(15)	2,211	2,518	△307	455	6	142
中国	(16)	1,956	2,645	△689	669	13	△33
四国	(17)	2,483	2,580	△97	76	1	△22
九州	(18)	3,005	4,256	△1,251	1,263	9	3

1　営農類型別経営統計
(1)　水田作経営
ア　全農業経営体

c　分析指標（事業）

区分		付加価値額 ⑥	売上高付加価値率 ⑥/①*100	収益性（事業）			生産性（事業）	
				売上高営業利益率	売上高経常利益率	売上高費用比率	労働生産性（事業従事者１人当たり付加価値額）	事業従事者１人当たり売上高
		(1)	(2)	(3)	(4)	(5)	(6)	(7)
		千円	％	％	％	％	千円	千円
水田作経営　全国								
（水田作作付延べ面積）	(1)	983	26.1	nc	6.6	118.6	259	994
5.0ha未満	(2)	100	4.5	nc	nc	117.5	30	677
5.0〜10.0	(3)	2,597	28.7	nc	12.3	113.6	456	1,586
10.0〜15.0	(4)	5,987	41.1	nc	22.7	105.8	880	2,141
15.0〜20.0	(5)	9,058	46.2	nc	20.1	111.0	1,132	2,452
20.0〜30.0	(6)	12,264	55.3	nc	25.8	120.7	978	1,767
30.0〜50.0	(7)	23,030	67.4	nc	22.9	123.7	1,448	2,147
50.0ha以上	(8)	53,496	74.7	nc	17.1	141.8	2,903	3,884
北海道	(9)	5,380	41.4	nc	19.7	118.5	1,107	2,675
都府県	(10)	855	24.5	nc	5.2	118.7	227	927
（全国農業地域別）								
東北	(11)	937	23.6	nc	5.1	121.4	216	915
北陸	(12)	1,880	39.6	nc	12.8	107.5	440	1,112
関東・東山	(13)	474	14.2	nc	nc	124.7	137	966
東海	(14)	1,924	33.2	nc	14.3	100.9	583	1,757
近畿	(15)	518	23.4	nc	6.4	113.9	164	700
中国	(16)	405	20.7	nc	nc	135.2	100	484
四国	(17)	93	3.7	nc	nc	103.9	39	1,035
九州	(18)	784	26.1	nc	0.1	141.6	210	803

1　営農類型別経営統計
（1）　水田作経営
ア　全農業経営体

d　農業経営収支等の概要

区分		農業				
		粗収益 ⑦	共済・ 補助金等 受取金	経営費 ⑧	共済等の 掛金・ 拠出金	所得 ⑨=⑦-⑧
		(1)	(2)	(3)	(4)	(5)
		千円	千円	千円	千円	千円
水田作経営　全国						
（水田作作付延べ面積）	(1)	3,783	938	3,773	73	10
5.0ha未満	(2)	1,634	289	1,932	35	△298
5.0〜10.0	(3)	10,726	2,283	9,676	240	1,050
10.0〜15.0	(4)	17,999	4,112	15,150	390	2,849
15.0〜20.0	(5)	24,160	5,953	21,034	528	3,126
20.0〜30.0	(6)	31,450	9,891	26,493	524	4,957
30.0〜50.0	(7)	47,673	16,414	41,063	693	6,610
50.0ha以上	(8)	104,357	41,334	97,565	1,326	6,792
北海道	(9)	17,897	4,966	15,479	379	2,418
都府県	(10)	3,365	821	3,429	64	△64
（全国農業地域別）						
東北	(11)	4,261	1,029	4,181	103	80
北陸	(12)	5,393	891	4,962	103	431
関東・東山	(13)	2,886	786	3,119	49	△233
東海	(14)	4,152	970	4,360	44	△208
近畿	(15)	1,862	432	2,190	24	△328
中国	(16)	2,242	642	2,390	28	△148
四国	(17)	825	75	994	18	△169
九州	(18)	3,331	1,264	3,540	72	△209

1　営農類型別経営統計
(1)　水田作経営
　ア　全農業経営体

e　分析指標（農業）

区分		農業依存度	農業所得率	付加価値額	付加価値率	収益性（農業）		生産性（農業）	
						農業労働収益性（農業従事者１人当たり農業所得）	水田作作付延べ面積10a当たり農業所得	農業労働生産性（農業従事者１人当たり付加価値額）	水田作作付延べ面積10a当たり付加価値額
			⑨/⑦*100	⑩	⑩/⑦*100				
		(1)	(2)	(3)	(4)	(5)	(6)	(7)	(8)
		%	%	千円	%	千円	千円	千円	千円
水田作経営　全国									
（水田作作付延べ面積）	(1)	4.2	0.3	757	20.0	3	0	201	27
5.0ha未満	(2)	nc	nc	△96	nc	nc	nc	nc	nc
5.0〜10.0	(3)	102.8	9.8	2,596	24.2	187	15	463	36
10.0〜15.0	(4)	88.3	15.8	5,572	31.0	428	24	837	46
15.0〜20.0	(5)	83.4	12.9	8,393	34.7	396	18	1,064	48
20.0〜30.0	(6)	94.7	15.8	11,925	37.9	403	21	969	50
30.0〜50.0	(7)	78.7	13.9	21,307	44.7	419	17	1,350	56
50.0ha以上	(8)	58.0	6.5	48,864	46.8	382	8	2,753	56
北海道	(9)	96.8	13.5	5,236	29.3	504	21	1,093	45
都府県	(10)	nc	nc	622	18.5	nc	nc	167	25
（全国農業地域別）									
東北	(11)	45.7	1.9	837	19.6	19	3	195	27
北陸	(12)	79.8	8.0	1,775	32.9	102	11	421	46
関東・東山	(13)	nc	nc	280	9.7	nc	nc	81	13
東海	(14)	nc	nc	798	19.2	nc	nc	245	22
近畿	(15)	nc	nc	65	3.5	nc	nc	21	4
中国	(16)	nc	nc	304	13.6	nc	nc	76	20
四国	(17)	nc	nc	△54	nc	nc	nc	nc	nc
九州	(18)	nc	nc	562	16.9	nc	nc	154	21

3．農業経営のリスクマネジメント

（1）　農業とリスクマネジメント

　　農業経営には、気象災害による収量減少や需給変動による価格低下など、様々なリスクがあります。リスクとは「不確かさが組織の目的に与える影響」（注）ですが、経営においてリスクは「損失が生ずる可能性」と捉えることができます。経営上のリスクに対しては、リスクを評価したうえで、リスクによる損失の発生を防止するとともに、発生した損失を減少させる取組みを行う必要があり、これらの活動をリスクマネジメントと呼んでいます。

　　リスクマネジメントの手法としては、リスクを構成する要素としての原因に働きかけるリスクコントロール（リスク制御法）と、その結果に働きかけるリスクファイナンス（リスク財務法）とに分けられます。農業経営に特有のリスクとしては、収量減少リスクや価格低下リスク、損害賠償リスク、人的リスクなどがあり、これらに応じたリスクマネジメントとしてはそれぞれ以下に記述するような項目が挙げられます。

　　（注）日本工業規格 JIS Q 31000

①　収量減少リスク

　　気象災害や病虫害、疾病による生産減少のリスクです。リスクコントロールとしては、リスク低減技術の導入や圃場・農場の分散、品種・作物の選択、経営の複合化があります。また、リスクファイナンスとしては、農業共済への加入などの方法が考えられます。

a）　リスク低減技術の導入

　　　耕種農業では、水稲の深水管理による低温障害の防止、大豆など転作作物のブロックローテーションによる雑草繁茂などの連作障害の防止などがあります。また、防護柵の設置による鳥獣害の防止もリスク対策として挙げられます。

　　　畜産農業では、靴底消毒の徹底、オールイン・オールアウト（総入れ替え）方式による飼育管理による疾病予防などがあります。

　　　病虫害に対する適期防除や、家畜の疾病の治療のための適切な農薬・動物薬の使用もリスク対策の一つです。

b）　圃場・農場の分散

　　　耕種農業では、気象条件の異なる離れた圃場で分散して栽培することで、雹（ひょう）害や霜害などのリスクを分散する方法があります。

　畜産農業では、鳥インフルエンザなどの発生による出荷制限のリスクを分散するために、農場を分散させる方法もあります。

c）　品種・作物の選択、経営の複合化

　水稲経営では、冷害や高温障害に対応するため、耐冷性や高温耐性に優れた品種を選択して栽培したり、経営作目として冷害の影響の少ない酪農を選択したりする方法です。また、収穫時期の異なる複数の作物を生産することで、気象災害による農作物の収量減少を緩和することができます。

d）　農業共済（ＮＯＳＡＩ制度）等への加入

　収量減少リスクに対するリスクファイナンスとして挙げられる方法が、農業共済（ＮＯＳＡＩ制度）への加入です。耕種農業について、農作物にとって最も被害を受けやすいのは、風水害、干害、冷害など気象災害ですが、ＮＯＳＡＩ制度では、地震を含めてすべての自然災害が対象になっているほか、病虫害、鳥獣害や火災も補償対象となっています。また、家畜については死亡・廃用のほか、病気・けがなどの治療費も対象としています。ただし、農業経営全体をカバーするものではなく、対象品目が限定されています。

図．農業共済制度の対象品目

共済事業	対象品目等	農業保険の加入率（４年産（度））
農作物共済	水稲、陸稲、麦	水 稲：81% 麦 ：97%
家畜共済	牛、馬、豚	乳用牛：91% 肉用牛：92%
果樹共済	うんしゅうみかん、なつみかん、いよかん、指定かんきつ、りんご、ぶどう、なし、もも、おうとう、びわ、かき、くり、うめ、すもも、キウイフルーツ、パインアップル	収 穫：24%
畑作物共済	ばれいしょ、大豆、小豆、いんげん、てん菜、さとうきび、茶、そば、スイートコーン、たまねぎ、かぼちゃ、ホップ、蚕繭	70%
園芸施設共済	園芸施設（附帯施設、施設内農作物を含む）	74%

注１　家畜共済には、死亡廃用共済（家畜の資産価値を補填）と疾病傷害共済（家畜の診療費を補填）がある。
　２　果樹共済には、収穫共済（果実の収穫量の減少等を補填）と樹体共済（樹体の損傷等を補填）がある。
　３　指定かんきつとは、はっさく、ぽんかん、ネーブルオレンジ、ぶんたん、たんかん、さんぼうかん、清見、　日向夏、
　　セミノール、不知火、河内晩柑、ゆず、はるみ、レモン、せとか、愛媛果試第28号及び甘平をいう。
　４　以上のほか、任意共済を実施（建物、農機具、保管中農産物が対象。ただし、掛金の国庫負担はなし）
　５　加入率は、作物は面積ベース、家畜・園芸施設は戸数ベースで算出。

（出典：農林水産省ＨＰ「農業共済制度の概要」）

　収量減少リスクに対するリスクファイナンスとしては、このほか「農業版天候デリバティブ」があります。天候の影響による農業収益の減少や支出の増大に備える金融商品で、(公社)日本農業法人協会が会員へのサービスとして提供しています。この商品では、気温、降水量、最大風速など収益・支出に関わる一定の指標（インデックス）を定め、期間中の指標が一定の条件を満たした場合には、損害の有無に関係なく所定の金額を支払う仕組みになっています。

②　価格低下リスク

　農畜産物の価格下落のリスクです。リスクコントロールとしては、価格安定作物の選択や販売時期の分散、販売方法の多様化、経営の複合化・多角化があります。また、リスクファイナンスとしては、価格安定制度や収入減少影響緩和対策（ナラシ対策）への加入の方法が考えられます。

a）　価格安定作物の選択

　生産物の価格が安定している作物や価格安定制度などによって補填が受けられる作物を栽培する方法です。水稲では、主食用米が需給の状況によって価格が変動するのに対して、飼料用米の価格は安定的で収入の大半は水田活用の直接支払交付金によって保証された形になっています。今後、行政による米の生産数量目標の配分（生産調整）の廃止による米の需給への影響が不透明ななか、主食用米から飼料用米への転換などの対策が考えられます。

b）　販売時期の分散

　農産物は出荷時期によって大きく価格が変動します。出荷時期を分散させることによって価格低下のリスクを分散できます。販売時期の調整では、作期を調整するのが一般的な方法ですが、出荷時期を調整するために鮮度保持が可能な保冷庫を活用する方法もあります。

c）　販売方法の多様化（直販・契約栽培）

　市場の取引価格は需給によって大きく変動しますが、消費者価格は比較的安定していますので、消費者や実需者への直販を増やすなど販売ルートの多様化によって価格変動リスクを分散することができます。また、契約栽培では、予め価格を決めることが多く、その結果、価格変動リスクを低下することができます。

d)　経営の複合化・多角化

　複数の作物や事業を手掛けることで、一つの作物や事業の収益が低調であっても、他の作物や事業の収益で補えることがあります。

e)　価格安定制度への加入

　価格低下リスクに対するリスクファイナンスとして挙げられる方法の一つが、国で実施する作目別の価格安定制度に加入することです。

　価格低下があったときに、野菜について価格が著しく低落した場合に生産者補給金を交付する「野菜価格安定対策制度（事業）」があり、国民消費生活上重要な野菜として指定野菜14品目を対象とした「指定野菜価格安定対策事業」と国民消費生活や地域農業振興の観点から指定野菜に準ずる重要な野菜として特定野菜35品目を対象とした「特定野菜等供給産地育成価格差補給事業」があります。

　また、畜産では、肉用牛肥育経営安定交付金（牛マルキン）制度、肉豚経営安定交付金（豚マルキン）制度、肉用子牛生産者補給金制度、鶏卵生産者経営安定対策があります。これらの制度は、販売価格と生産コストの差を補填する仕組みになっており、販売価格の低下だけでなく生産コストの増加も補填しています。

f)　収入減少影響緩和交付金制度（ナラシ対策）への加入

　価格低下リスクに対するリスクファイナンスとして挙げられるもう一つの方法が、国で実施する米・畑作物の収入減少影響緩和交付金（ナラシ対策）制度に加入することです。この制度では、米、麦、大豆、てん菜、でん粉原料用ばれいしょの収入額の合計が標準的収入額を下回った場合に補填する仕組みになっています。

③　賠償責任リスク

　農薬の飛散や残留農薬、異物混入などによる損害賠償請求リスクです。リスクコントロールとしては、農薬の飛散（ドリフト）防止や異物混入の防止などがあります。また、リスクファイナンスとしては、各種保険への加入などの方法が考えられます。

a)　農薬の飛散（ドリフト）防止

　2006年から実施された食品衛生法に基づく残留農薬のポジティブリスト制によって農業生産活動においてもリスク管理が求められるようになりました。ドリフトが生じた場合、周辺農作物の栽培者に対する損害賠償責任が生ずることになります。また、自ら栽培する農作物に残留農薬が原因となって購入者に健康被害が生じた場合、賠償責任が生じます。

　このため、周辺農作物の栽培者に対する事前連絡（農薬使用の目的、散布日時、

　　使用農薬の種類等）を行うとともに、農薬散布を無風又は風が弱いときに行うなど、
近隣に影響が少ない天候の日や時間帯を選ぶとともに、風向き、散布器具のノズル
の向き等に注意しなければなりません。

　　また、農薬の使用記録（年月日、場所、対象農作物、気象条件（風の強さ）など、
使用した農薬の種類・名称及び単位面積当たりの使用量・希釈倍数）を作成して一
定期間保管するなど生産履歴記帳を徹底する必要があります。さらに農業生産活動
の各工程の正確な実施、記録、点検及び評価を行うことによる持続的な改善活動と
して、農業生産工程管理（ＧＡＰ）に取り組む方法もあります。

b)　異物混入の防止

　　農産加工品やきのこなどへの異物混入による賠償責任を予防する必要がありま
す。近年、農業の分野でも、HACCP（ハサップ）や ISO による食品衛生管理の手法
も導入されています。

c)　各種保険への加入

　　賠償責任リスクに対するリスクファイナンスとして挙げられる方法は、各種保険
への加入です。これらの保険には、(公社) 日本農業法人協会が提供する食品あんし
ん制度や直売所保険などがあります。

　　食品あんしん制度は、農業法人が製造・加工販売する食品、未加工農産物（卵を
含む）について、異物混入や基準を超える残留農薬の検出等が発生した場合に、消
費者に身体障害が発生したことにより法律上の賠償責任を負担したことによる損
害、また身体障害が発生したり、その恐れが生じたりした場合に負担する各種の費
用損害に対し、保険金を支払う制度です。

　　直売所保険は、直売所において店舗施設や農産物及び畜産物を原因とする事故等
が生じた場合に、直売所を運営する農業法人等が被る賠償責任や見舞費用、対象農
産物の回収費用（リコール費用）を補償する保険です。

④　人的リスク

　　経営者や従事者の傷害や疾病によって生産活動が低下するリスクです。リスクコン
トロールとしては、農作業安全対策の徹底・労働環境の改善などがあります。また、
リスクファイナンスとしては、労災保険への加入などの方法が考えられます。

a)　農作業安全対策の徹底・労働環境の改善

　　農作業中の事故があった場合、必要な農作業が実施できなくなることもあり、農
業生産に大きな影響を及ぼします。このため「農作業安全リスクカルテ」の活用な

どにより、農業機械が要因となる農作業事故の特性を理解し、事故発生を未然に防ぐ取り組みが必要になります。また、炎天下や園芸用ハウス内での作業など熱中症のリスクがある場合は、定期的な休憩や水分補給などを織り込んだ作業計画の作成が重要です。

b）　労災保険への加入

人的リスクに対するリスクファイナンスの方法としては、労災保険への加入があります。労災保険は、労働者の負傷、疾病、障害、死亡などに対して保険給付を行う制度で、農業でも労災加入によって、農作業事故によるケガや病気を病院等で治療する場合に必要な治療が無料で受けられるほか、農作業事故により死亡した場合には、遺族人数に応じた遺族年金または遺族一時金が支給されます。

労働者を雇用する場合、農業法人には加入が義務付けられており、個人農業も労働者について任意加入することができます。また、本来、労働者ではないため、加入義務のない農業者本人も、特定農作業従事者や指定農業機械作業従事者、中小事業主等として、特別加入という形で任意加入できます。

(2)　収入保険

①　収入保険制度とは

収入保険制度は、新たな農業経営のセーフティーネットとして 2019 年から導入された、農業経営者ごとの収入全体を見て総合的に対応する保険制度です。農業のセーフティーネットとしては、現行制度として、農業災害補償制度がありますが、農業災害補償制度は、①自然災害による収量減少が対象であり、価格低下等は対象外、②対象品目が限定的で、農業経営全体をカバーしていない、といった課題があります。このため、品目の枠にとらわれずに、農業経営者ごとに収入全体をみて総合的に対応し得る収入保険を実施することにより、収益性の高い野菜等の生産や新たな販路の開拓等にチャレンジするなど意欲ある農業経営者の取組を支援することになりました。

ただし、肉用牛、肉用子牛、肉豚及び鶏卵については、対象品目から除外されています。肉用牛肥育経営安定交付金（牛マルキン）等の畜産品目ごとの経営安定対策の対象品目では、販売価格だけでなく、生産コストの差をも補填する制度となっており、農業者にとって有利な制度となっています。かりに収入保険制度と牛マルキンなどの経営安定対策とのどちらか一方を選択して加入する制度とした場合、畜産の専作経営では収入保険制度を選択するメリットがなく、また、乳肉複合など複合経営では牛マルキンや肉用子牛生産者補給金制度に加入すると収入保険制度に入れないことになります。

このため、本来、収入保険制度は、品目の枠にとらわれずに農業経営全体をカバー

することを目的とするものですが、牛マルキンなどの経営安定対策の対象品目である
畜産品目を収入保険制度の対象品目から除外し、複合経営の場合に他の品目は収入保
険制度に加入できる形となりました。

　また、所得の減少を収入保険の対象としないのは、所得を対象とした場合、コスト
のかけ方が合理的かどうかの判断まで必要となり、その妥当性を判断することが難し
く、コスト削減等の経営努力に取り組んだ農業者も報われないことから、所得ではな
く収入を補填対象とすることになりました。なお、コスト増に対しては、燃油価格や
配合飼料価格の高騰など、客観的なデータが取れるものについて、施設園芸等燃油価
格高騰対策や配合飼料価格安定制度など個別分野でセーフティーネット対策が措置
されています。

②　収入保険制度の対象者

　青色申告を行い、経営管理を適切に行っている農業者（個人・法人）が対象になり
ます。　青色申告を 5 年間継続している農業者を基本としますが、青色申告の実績が
加入申請時に 1 年分あれば加入できます。ただし、過去の青色申告の実績が 5 年に満
たない場合は、補償限度額が引き下げられます。

　加入の条件となる青色申告については、「正規の簿記」（複式簿記）及び「簡易簿記」
が該当しますが、現金主義（現金主義の所得計算による旨の届出書を税務署に提出し
て申告する）は対象となりません。

　青色申告を行う販売農家を対象とする理由は、①国費を投入して収入減少を補填す
る制度は、他産業にはない制度であるため、収入把握の正確性が納税者の理解を得る
ための「肝」であること、②青色申告は、日々の取引を残高まで記帳する義務があり、
在庫等と帳簿が照合でき、不正が起こりにくい一方、白色申告ではそこまでの義務が
ないことによるものです。

　また、農作物共済等の農業共済、収入減少影響緩和対策（ナラシ対策）等の類似
制度に加入している者は対象外とします。なお、収入保険と野菜価格安定制度の同
時利用の取扱いについては、令和 6 年からの新規加入者は、2 年間（令和 4 年、5
年加入者は 3 年間）の同時利用を可能とし、令和 7 年以降の新規加入者には適用し
ないこととされています。収入保険は任意加入で、制度に加入するかどうかは農業
者の選択に委ねられています。

③　収入保険制度の対象収入
a）　対象収入の基本と対象品目

　自ら生産した農産物及び畜産物（「農産物等」といいます。）の販売収入です。た

だし、肉用牛肥育経営安定交付金（牛マルキン）等の対象品目である、肉用牛、肉用子牛、肉豚及び鶏卵については、収入保険やナラシ対策等と異なり、収入減少だけではなくコスト増も補填する仕組みであることから、対象品目から除外されています。

　これにより、マルキン等の対象畜産物と他の品目との複合経営を行っている場合は、他の品目部分のみ収入保険に加入することができます。

b）　加工品の取扱い

　加工品については、①農産物以外の原材料等のウエイトがかなり大きい場合もあり、②農業を行わずに、加工のみを行っている事業者との公平性の問題もあるため、原則として販売収入に含めないこととしています。

　ただし、自ら生産した農産物等を加工・販売し、所得税法上の農業所得として申告しているものは対象収入に含めることができます。例えば、精米、もち、荒茶、仕上げ茶、梅干し、干し大根、畳表、干し柿、干し芋、乾ししいたけなどが該当します。

c）　補助金の取扱い

　補助金は、原則として収入保険制度の対象収入に含めません。収入保険制度の補填金や農業災害補償制度の共済金も補助金と同様に対象収入に含めません。ただし、次の数量払交付金については、実態上、販売収入と一体的に取り扱われているため、販売収入に含めることができます。
  ・畑作物の直接支払交付金
  ・甘味資源作物交付金
  ・でん粉原料用いも交付金
  ・加工原料乳生産者補給金及び集送乳調整金

　なお、飼料用米の直接支払交付金については、単収に応じて面積当たり単価が変動しますが、麦、大豆等の水田活用の直接支払交付金と同じ面積払であり、畑作物の直接支払交付金などの数量払とは性格が異なることから、対象収入には含めないこととしています。

d）　雑収入の取扱い

　雑収入は対象収入に含めませんが、雑収入に計上されるもののうち、次の金額については、実質的に販売金額と同等のものとして、販売金額に含めることができます。

・数量払交付金（前掲）
・農業協同組合等から支払われる農産物の精算金
・家畜伝染病予防法に基づく手当金
・植物防疫法に基づく補償金
・日本たばこ産業株式会社の葉たばこ災害援助金

e）　農産物等の販売収入の計算方法

次のとおりです。

農産物等の販売収入

　＝　農産物の販売金額＋事業消費金額＋（期末棚卸高－期首棚卸高）

所得税法における収入算定方法に倣った方法となります。ただし、家事消費金額は自家消費で販売を目的としたものではないので、販売収入の計算に含めません。

f）　基準収入の算定と特例

基準収入については、過去5年間の平均収入（5中5）を基本（過去5年間青色申告実績がない場合は、実績のある年の平均収入）としつつ、保険期間の営農計画を考慮して設定されます。

ただし、①保険期間の経営面積を過去の平均よりも拡大する場合（規模拡大特例）、②過去の単位面積当たり収入に上昇傾向がある場合（収入上昇傾向特例）、③保険期間の収入が過去の平均よりも低くなる場合（経営面積の縮小等）には、客観的な算定ルールを用いて基準収入を設定することになります。

④　収入保険による補填金

当年の収入が基準収入の9割水準（原則の補償限度額）を下回った場合に補償限度額を下回った額の9割（支払率）の補填金が支払われます。補償限度額から1割、つまり、基準収入の2割（原則）までの下落分であれば積立方式の補填金として補填され、基準収入の2割（原則）を超える下落分は保険金として補填されます。ただし、補償限度額が9割水準となるのは、5年以上の青色申告実績がある場合です。

なお、保険料は危険段階別に設定されることとなっており、保険金の受領が少ない者の保険料率は段階的に引き下げられます。このため、保険金等を請求するかどうかは任意で、1割（原則の場合、基準収入の2割）を超える販売収入の下落があっても、保険方式の保険金を受け取らずに積立方式の補填金のみを受け取ることができます。

また、積立金の負担が大きいという要望に応えて、令和6年から保険方式のみで基準収入の9割まで補償できるタイプ（保険方式補償充実タイプ）も導入されました。

例）基準収入が 1,000 万円で最大補償の場合、保険期間の収入がゼロになったときは、以下のいずれのタイプも同じ 810 万円の補償が受けられます。（5 年の青色申告実績がある者の場合）

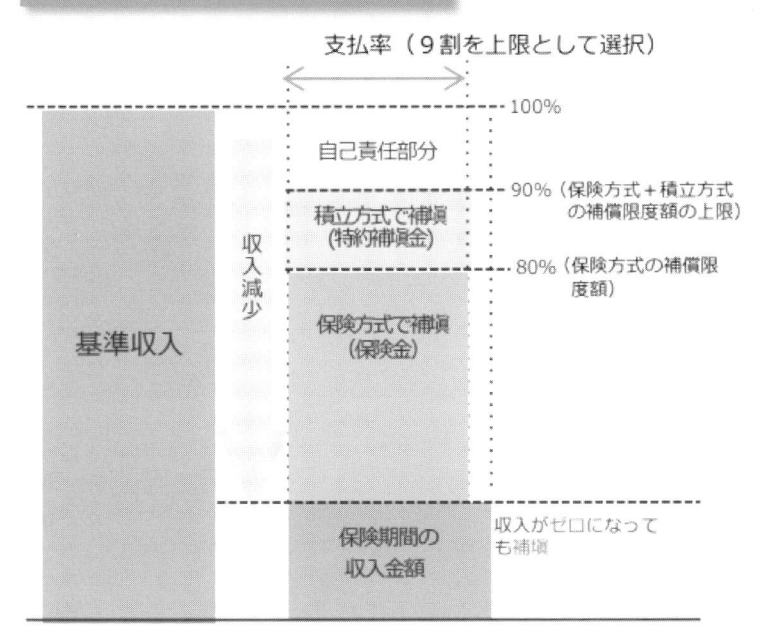

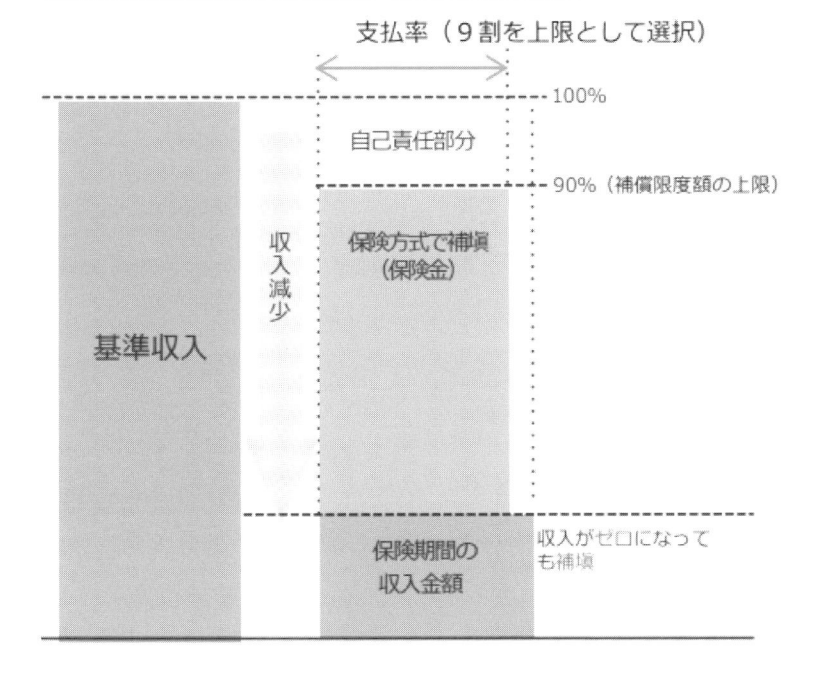

　　　保険方式補償充実タイプは、①積立方式を使わず保険方式だけで、従来からの積立方式併用タイプと同じ最大補償の9割を選択できる、②積立方式の積立金を負担しなくて済むので、新規加入時や特約補填金を受け取った後の負担額が積立方式併用タイプよりも少なくてすむ、③積立方式併用タイプより保険料は高くなるが、その分必要経費として控除できる金額が多くなり、税負担が軽減されるといった特徴があります。

⑤　保険料・積立金

　　　例えば、基準収入が1,000万円の場合で、積立方式併用タイプ（保険80％＋積立10％）、保険方式補償充実タイプ（保険90％）のそれぞれの保険料・積立金は以下の通りとなります。（支払率はどちらのタイプも90％）

	積立方式併用タイプ	保険方式補償充実タイプ
保険料	8.5万円	17.7万円
積立金	22.5万円	―
計	31.0万円	17.7万円

　　　農産物の販売収入が大きく減少することが想定しづらい場合には、発動基準（基準収入の9割）は変えずに、補償の下限を設定して受け取る保険金の額を小さくする（補償の下限を70％、60％、50％から選択し、補償範囲を小さくする）ことで、保険料を安くすることができます。

⑥　収入保険制度と他制度の選択
a）　主たる経営品目との関連

　　　畜産農業者など主たる経営品目が収入保険制度の対象品目となっていなくても、耕種品目との複合経営であれば収入保険制度に加入することができますが、収入保険に加入するメリットは小さくなります。このため、主たる経営品目が収入保険制度の対象品目かどうかが、収入保険制度の加入の是非を検討する第一のポイントになります。

b）　価格動向との関連

　　　主たる経営品目に価格下落のリスクがある場合、セーフティーネットに加入する必要がありますが、セーフティーネットには収入減少影響緩和対策（ナラシ対策）などもあり、収入保険制度とどちらか一方を選択して加入する仕組みになっていま

す。これは、国費の二重助成を避けつつ、農業者がそれぞれの経営形態に応じた適切なセーフティーネットを利用できるようにするためです。

　たとえば、稲作の場合、収入保険制度にも加入する代わりにナラシ対策に加入することもでき、ナラシ対策では、掛け捨ての保険料負担がありません。しかしながら、ナラシ対策だけではセーフティーネットとして不十分ですので、農業共済にも加入すれば共済掛金の負担が生じ、収入保険の保険料よりも高くなることもあります。また、収入減少影響緩和対策（ナラシ対策）は最大20％までの収入減少にしか対応しておらず、20％を超えるような大幅な価格下落のリスクがある場合は、収入保険制度に加入するメリットが大きくなります。

　収入保険と収入減少を補填する機能を有する類似制度との関係については、例えば、各農業共済組合において、各県の主要品目について、制度ごとの掛金や補填金の試算を比較した資料を作成したり、加入申請の際にはタブレット端末システムを用いて、掛金等のシミュレーションを行うことができるようにしたりして、農業者自身が自らの経営判断で最も適切なセーフティーネットを選択できるように努力がなされています。

c）　雇用維持など経営安定との関連

　家族経営については、大幅な価格下落があっても数年後に回復するのであれば、自家保険の考え方により、複数年の平均で所得を確保できれば問題ないという考え方も成り立ちます。しかしながら、雇用中心の経営では、価格下落を理由に給与の減額や遅配をすることは許されませんので、収入保険制度に加入して、大幅な価格下落があった場合のキャッシュ・フローを確保する必要があります。

第3章　経営計画

1. 中長期経営計画の策定

(1) 農業経営の目標

　　農業経営の目標の設定のために、計画を策定します。経営計画は、一般的に「長期計画」「中期計画」「短期計画」があります。一般的に、「長期計画」は、10年超の計画（ヴィジョン）、「中期計画」は、3〜5年程度の計画、「短期計画」は、今後1年の計画を指します。

経営計画の種類

長期計画	：	10年超の長期的ヴィジョン
中期計画	：	長期計画を実現するための今後3〜5年の計画
短期計画	：	当面1年の具体的な計画

① 基本理念

　　経営計画の策定のまえに、自らの経営の信念を謳った「基本理念」を明確にする必要があります。自らの経営・会社は、何をする企業なのか、何を目指しているのか、何を信念としているのか、など経営の根幹にある考えを言葉に表現します。その内容は、経営の長期的な姿勢、社会的使命を示すものであり、経営活動の原点です。この「基本理念」は、経営に行き詰ったときや、迷ったときに立ち返る場所となります。

基本理念の事例

> ・安全安心な農産物を提供し、豊かな食生活に貢献する
> ・ワークライフバランスの取れた家族経営での農業を実現する
> ・安くておいしい農産物を提供する
> ・時代の要請に適応しながら、農地を守り、地域とともに発展する
> ・感謝　自然　開かれた企業（カゴメの企業理念より）

　　経営理念を元に、具体的な経済的目標を設定し計画を立てるのが、経営計画です。

②　長期計画

長期計画では、10年後の目標に向かって、以下の事項を参考に目標を設定します。

規模目標	経営面積、飼養頭数、従業員数など
収量・販売目標	生産量、販売額
事業内容	目標とする営農類型、6次産業化、多品目化、事業内容の集中化、法人化、輸出の取り組みなど
利益目標	売上高、原価、利益
技術体系目標	機械化、施設の先進性、革新技術の導入など

（事例）

（長期経営計画作成シート）　　　　　　　　　　　20××年1月10日作成

１．経営理念

　　　　地域の発展と持続可能な農業の実現

２．長期経営計画

　　　（1）経営方針・経営戦略

　　　　　　　営農面積50haを達成し、雇用を創出する。

　　　　　　　法人化を実現する。

　　　（2）規模目標

全体耕作面積（飼養頭数）	50ha
従業員数	常勤2名
年間売上高	50,000千円

　　　（3）事業内容

　　　　　　　高品質の主食用米を生産する。

　　　　　　　地域の特産物となる野菜を発掘し、産地化を目指す。

（4）利益目標（金額は、千円単位）

部門または作目	生産量・販売量	売上高	利益
水稲	30,000kg	45,000 千円	合計で
野菜（作目は未定）	未定	5,000 千円	3,000 千円

（5）生産設備・その他設備投資の概要・実施時期
・野菜用パイプハウス　4棟新設、来年度の補助金獲得を目指す。
　設備投資額（ハウス4棟、@5,000 千円　合計 20,000 千円）
・5年経過後をめどに、トラクター等の農機の更新を進める。

③　中期計画

　中期経営計画では、長期経営計画で策定した基本理念、経営方針・経営戦略とこれらに基づく経済的計画・設備計画を踏まえて、今後3〜5年間の活動について具体的な内容に落とし込みます。ここでは、環境の変化についてある程度の予測が可能となるので、長期経営計画の段階では抽象的であったことについても、現状を踏まえた、より具体的な計画を描くことができます。

④　農業経営改善計画の作成

　農業経営改善計画とは、認定農業者の認定を受けようとする農業者が作成して市町村・都道府県・国（市町村等）に提出するものです。認定農業者制度は、農業経営基盤強化促進基本構想（基本構想）に示された農業経営の目標に向けて、農業者が自らの創意工夫に基づき、経営の改善を進めようとする計画を市町村等が認定し、これらの認定を受けた農業者（認定農業者）に対して、重点的に支援を講じようとするものです。

　認定農業者は、スーパーL資金などの低利融資制度、農地流動化対策、担い手を支援するための基盤整備事業などの各種施策の恩恵を受けることができます。

表．認定農業者等に対する主な支援措置

	措置の内容	対象者		その他の対象者		他の条件
		個人	法人	認定新規就農者	その他	
経営所得安定対策	畑作物の直接支払交付金（ゲタ対策） 米・畑作物の収入減少影響緩和交付金（ナラシ対策）	○	○	○	集落営農	
融資	農業経営基盤強化資金（スーパーL資金）	○	○	×	—	
税制	農業経営基盤強化準備金制度	○	○	○	—	青色申告
	農地等に係る贈与税の納税猶予制度	○	×	○	基本構想水準到達者	
補助金	経営体育成支援事業	○	○			
出資	アグリビジネス投資育成㈱及び投資事業有限責任組合（LPS）による出資	×	○	×		
農業者年金	農業者年金の保険料支援（特例付加年金）	○	×	○	家族経営協定を締結した配偶者・後継者等	原則として青色申告

　農業経営改善計画の作成支援に携わることにより、農業経営の概要や資料の整備状況などが把握できるため、さらに具体的な経営計画の作成支援がしやすくなります。

a）　市町村による農業経営改善計画の認定を受けるための要件

　　農業経営改善計画は、以下の要件を満たしていることが求められます。
- ・ 計画が関係市町村基本構想に照らして適切なものであること。
- ・ 計画が農用地の効率的かつ総合的な利用を図るために適切なものであること。
- ・ 計画の達成される見込みが確実であること。

b）　農業経営改善計画書に記載する内容

以下の内容について、５年以内の計画を作成します。

・経営規模の拡大に関する目標（作付面積、飼養頭数、作業受託面積）

・生産方式の合理化の目標（機械・施設の導入、ほ場連担化、新技術の導入等）

・経営管理の合理化の目標（複式簿記での記帳等）

・農業従事の態様の改善の目標（休日制の導入等）等

c）　農業経営改善計画作成のための情報収集

農業経営改善計画の作成のために、以下の情報が必要となります。このほかに、農業者自身の考えなどを反映させて作成していきます。

決算書

作業日報など、労働時間に関する資料

経営規模（経営面積・飼養頭数など）に関する資料

設備に関する資料（固定資産台帳など）

農地の賃貸借をしている場合、契約書などの契約内容がわかる書類

農業者が作成している中期計画・長期計画

など

農業経営改善計画認定申請書

××年××月××日

		連絡先	××-××××-××××
申請者	住所	×× 市 ×× ○○○	
	フリガナ	アグリ タロウ	代表者氏名（法人の名）フリガナ
	個人・法人名	阿栗 太郎 （印）	
	生年月日・法人設立年月日	××年××月××日	法人番号

○○市町村長 殿
○○都道府県知事 殿
○○農政局長 殿
農林水産大臣 殿

農業経営基盤強化促進法（昭和55年法律第65号）第12条第1項の規定に基づき、次の農業経営改善計画の認定を申請します。

農業経営改善計画

① 農業経営の営農活動の現状及び目標

(1) 営農類型

現状：□稲作 □露地野菜 ■施設野菜 □果樹類 □花き・花木 □工芸作物（　） □その他の作物（　） □複合経営
□畜産 □肉用牛 □乳牛 □養豚 □養鶏 □養蜂 □その他の畜産（　）

目標（5年）：□稲作 □露地野菜 ■施設野菜 □果樹類 □花き・花木 □工芸作物（　） □その他の作物（　） □複合経営
□畜産 □肉用牛 □乳牛 □養豚 □養鶏 □養蜂 □その他の畜産（　）

(2) 農業経営の現状及びその改善に関する目標

	現状	目標（5年）
年間所得	3,000万円	5,000万円
主たる従事者1人当たりの年間所得	万円	万円

	現状	目標（5年）
年間労働時間	2,300時間	1,800時間
主たる従事者1人当たりの年間労働時間	時間	時間

② 農業経営の規模拡大に関する現状及び目標

(1) 生産

作目・部門名（耕種）	現状 作付面積(a)	現状 生産量	目標（5年）作付面積(a)	目標（5年）生産量
トマト	25a	30,000kg	35a	42,000kg
きゅうり	25a	15,000kg	35a	21,000kg

作目・部門名（畜産）	現状 飼養頭数（頭,羽）	現状 生産量	目標（年）飼養頭数（頭,羽）	目標（年）生産量

(2) 農畜産物の加工・関連・附帯事業（売上げその他の）

事業内容	現状	目標（年）
	万円	万円
	万円	万円
	万円	万円
主たる従事者の人数	2人	人

（d）　農業経営改善計画記入例

（3）農用地及び農業生産施設

ア 農用地

区分	所在地（都道府県名 市町村名）	地目	現状(a)	目標（5年）(a)
所有地	○○県 ××市	畑	25a	25a
借入地	○○県 ××市	畑	25a	45a
その他				
経営面積合計			50a	70a

イ 農業生産施設

区分	所在地（都道府県名 市町村名）	種別	規模 現状 ㎡	規模 目標（ 年） ㎡
経営面積合計				

③生産方式の合理化に関する現状と目標・措置

現状：20a規模の区画が２ヶ所に分散している。2,500㎡のハウスと露地（トマト・きゅうり）

目標：現状の畑の近隣で耕作されている農地を借りて、集約化し、農作業の合理化を図る。ハウスを２倍の面積規模に拡大し、トマト・きゅうりの他、消費者のニーズにあった新しい品目に挑戦する。水耕栽培など、新しい技術を試験的に導入する。

措置：高付加価値品種への取組、露地からハウスへの順次移行、水耕栽培などにより、計画的な生産体制へ移行していく。拡大したハウスの一部は、水耕栽培の設備を試験的に導入し、計画生産の可能性を検証する。

④経営管理の合理化に関する現状と目標・措置

現状：農作業の細かいデータの記録を取っていない。

目標：Excelを使って、労働時間、作業内容、使用した資材などを細かく記録を取り、経営分析から将来は法人化を目指したい。

措置：農林水産省の新たな農業経営指標を活用して経営分析を行い、自らの農業経営の参考にする。

⑤農業従事の態様等の改善に関する現状と目標・措置

現状：ほぼ従事家族のみで農作業をこなしており、十分に休みが取れていない。

目標：従業員を採用し、休日を取得し休日制と月給制にしたい。

措置：まずは家族経営協定を締結し、休日制と月給制を導入する。

⑥その他の農業経営の改善に関する現状と目標・措置

（参考）経営の構成

（1）構成員・役員

氏名（法人経営にあっては役員の氏名）	年齢	性別	担当業務（代表者との続柄（法人にあっては職務））	現状 担当業務 年間農業従事時間	見通し（5年） 担当業務 年間農業従事時間
阿栗 太郎	45	男	（代表者）本人 トマト きゅうり	トマト きゅうり 320日	トマト きゅうり 250日
阿栗 花子	42	女	妻 トマト きゅうり	トマト きゅうり 320日	トマト きゅうり 250日

（2）雇用者

区分		常時雇（年間）	臨時雇（年間）
実人数	現状	0人	0人
	目標／見通し	2人	1人
延べ人数	現状		0人
	見通し		20人

（別紙）生産方式の合理化に係る農業用機械等の取得計画

農業用機械等の名称	数量
トラクター	1
トラック	1
農機具庫	1
ハウス	1

備考

　「農業用機械等の名称」欄には、生産方式の合理化のために、取得する予定の農業用の機械及び装置、器具及び備品、建物及びその附属設備、構築物並びにソフトウェア等を記載する。

（②「（３）農用地及び農業生産施設」に記載しているものは記載不要。）

e）　農業経営改善計画　記入要領（農林水産省ホームページより抜粋）

1　本申請書に記載された内容は、農業経営基盤強化促進法第 30 条の 2 の規定に基づき、国（農林水産大臣）、都道府県、市町村及び農業委員会が、同法の施行に必要な限度で、その保有に当たって特定された利用の目的以外の目的のために内部で利用し、又は相互に提供することがある。

2　夫婦、親子等が共同で一の農業経営改善計画の認定を申請する場合には、申請者欄の「個人・法人名」欄に全員の氏名、フリガナ及び生年月日を連記する。

3　①の「（2）農業経営の現状及びその改善に関する目標」欄は、農畜産物の生産及び農畜産物の加工・販売その他の関連・附帯事業に係る所得について、現状及び 5 年後の目標を「年間所得」欄に記載する。また、年間労働時間については、農畜産物の生産及び農畜産物の加工・販売その他の関連・附帯事業に係る労働時間について、現状及び 5 年後の目標 を「年間労働時間」欄に記載する。

4　「②農業経営の規模拡大に関する現状及び目標」欄には、次の事項を記載する。

ア　（2）の「農畜産物の加工・販売その他の関連・附帯事業（売上げ）」欄には、農業経営に関連・附帯する事業として、(1)農畜産物を原料又は材 料として使用して行う製造又は加工、(2)農畜産物の貯蔵、運搬又は販売、(3)農業生産に必要な資材の製造、作業受託、(4)農泊、農業体験事業等について記載する。

イ　（3）の「ア農用地」及び「イ農業生産施設」欄には、申請者の農業経営上重要と考えられる農用地及び農業生産施設を記載する。

ウ　（3）アの「その他」欄には、特定作業受託（作目別に、主な基幹作業（水稲にあっては耕起・代かき、田植え及び収穫・脱穀、麦及び大豆にあっては耕起・整地、播種及び収穫、その他の作目にあってはこれらに準ずる農作業を受託することをいう。）を行う農地（(1)申請者が当該農地に係る 収穫物についての販売委託を引き受けることにより販売名義を有し、かつ、(2)当該販売委託を引き受けた農産物に係る販売収入の処分権を有するものに限る。））の面積のみを記載する。

エ　「経営面積合計」欄には、「所有地」欄、「借入地」欄及び「その他」欄の面積の合計を記載する。

5　「③生産方式の合理化に関する現状と目標・措置」欄には、農用地の利用条件（ほ場の区画の大きさ、団地化）、作目・部門別合理化の方向その他の生産方式の合理化について、現状、目標及びその達成のための措置を記載する。

6　「④経営管理の合理化に関する現状と目標・措置」欄には、簿記記帳等の会計処理、経営内役割分担、経営の法人化等について、現状、目標及びその達成のための措置を記載する。

7　「⑤農業従事の態様等の改善に関する現状と目標・措置」欄には、人材確保に向け

た就業規則等の整備、相続・経営継承に関する取組等について、現状、目標及びその達成のための措置を記載する。なお、家族経営協定を締結している場合には、その旨と協定に基づく家族間の役割分担等の内容を記載する。

8　「⑥その他の農業経営の改善に関する現状と目標・措置」欄には、農業近代化資金等の制度資金の融資を受けることを予定する場合には、予定年度、予定資金、予定貸付額等を記載する。

9　農業経営基盤強化促進法第12条第4項に規定する措置（関連事業者等が申請者の農業経営の改善のために行う措置）を記載する場合には、「⑥その他 の農業経営の改善に関する現状と目標・措置」欄に記載する。この場合、以下の点に留意すること。

ア　同法第14条の2第1項の規定による出資の特例を活用するため、当該措置として関連事業者等による出資を記載する場合には、出資する者の氏名又 は名称、出資する者ごとの出資の額及び比率、出資する者が権利を有している経営農地が所在する市町村の名称を記載する。

イ　アに加え、同法第14条の2第2項の規定による役員の従事日数の特例を活用するため、親会社の役員を申請者の役員として兼務させる場合には、当該親会社の名称、当該親会社が同法第12条第1項の認定を受けた市町村等の名称、当該親会社が権利を有している経営農地が所在する市町村の名称、本特例の対象とする兼務役員の氏名、当該兼務役員の親会社における農業従事日数及び子会社における農業従事日数を記載する。

10　「（参考）経営の構成」欄には、農業経営に携わる者の担当業務及び年間農業従事時間等について、その現状及び現在想定し得る範囲での見通しを記載するものとする。この場合、現在は農業経営に携わっているが5年以内に離農する見込みの者及び現在は就農していないが5年以内に経営に参画する 見込みの者についても記載する。

ア　「氏名（法人経営にあっては役員の氏名）」欄には、代表者以外の者にあっては、家族農業経営の場合には農業経営に携わる者の氏名を、法人経営の場合には役員の氏名を記載する。

イ　「代表者との続柄（法人経営にあっては役職）」欄には、代表者にあってはその旨を記載し、家族農業経営の場合には代表者を基準とした続柄を、法人経営の場合には役職を、それぞれ記載する。

11　「（別紙1）生産方式の合理化に係る農業用機械等の取得計画」には、生産方式の合理化のために、取得する予定の農業用の機械及び装置、器具及び 備品、建物及びその付属施設、構築物並びにソフトウエア等について、「農業用機械等の名称」欄及び「数量」欄に記載する。なお、②の「（3）農用 地及び農業生産施設」欄に記載

しているものは記載不要とする。

12　農業経営基盤強化促進法第 12 条第3項に規定する農業用施設を整備する場合には、「（別紙2）農業用施設の整備（農業経営基盤強化促進法第12条第 3 項関係）」を作成し、必要書類と併せて添付するものとする。この場合、以下の点に留意すること。

ア　農地法の特例の適用の有無に関わらず農業用施設を整備する場合は、「1農業用施設の整備に関する事項」欄には、当該農業用施設の種類、規模 ・用途並びに当該農業用施設の用に供する土地の所在、地番、地目（登記簿上及び現況）及び面積を記載するとともに、「3　添付書類」欄に示す書 類を添付する。

イ　同法第14条第1項又は第2項に規定する農地法の特例を活用する場合には、「2農地法の特例の適用に関する事項（農業経営基盤強化促進法第 14 条関係）」欄に必要事項を記載し、適用を受けようとする特例の区分に応じて「（別紙3－1）農地法の特例措置（農業経営基盤強化促進法第 14 条第 1 項関係）」又は「（別紙3－2）農地法の特例措置（農業経営基盤強化促進法第14条第2項関係）」を作成し、必要書類と併せて添付するものとする。

(2)　規模拡大・設備投資

　規模拡大や設備投資を行う際には、各種分析を行いその結果を踏まえて、規模拡大・設備投資実行後５〜10年程度の計画を立てて、プロジェクトの可否を判断します。計画には、「損益計画」と「資金計画」があります。ここでは、「損益計画」について検討します。

①　現状の把握

　過去の実績を整理し現状を把握するために、過去３期分の財務諸表を入手し、現状を正しく把握する形式に整えます。個人事業であっても、所得税の青色申告決算書または収支内訳書の内容について、法人の決算書を参考に、経費を生産コスト（製造原価）と販売・管理に要したコスト（販売費及び一般管理費）に分けて分析・把握します。

　３期分の貸借対照表・損益計算書（白色申告者の場合は、収支内訳書）を横に並べて比較すると、その事業（財産・損益）の推移・傾向・重要なコストはなにか、などの概要がわかります。

　以下に、個人農業者の青色申告決算書の損益計算書の３期比較表の例を示しています。ここからは、例えば以下のような情報が得られます。

・販売金額・材料費は安定的に推移している。
・期末棚卸は、Ｙ１が若干多いが、概ね一定レベルで推移している。
・地代賃借料が徐々に増えている。（拡大傾向にあると推測）
・減価償却費に増減がある　→　増加：新規資産の取得、減少：資産の除却と推測
・所得金額・専従者給与を考慮すると、生活費は十分に確保できており、次の展開を検討する
・利子割引料が、Ｙ２で減ったが、Ｙ３で増えている。新たな借入を行ったと推測。
　　→　別途、借入返済予定表などを入手して、費用とならない支出（返済）の金額の把握が必要など。

　損益の現状把握の他に、売上計画に必要な「10a あたりの収量（生産量／作付面積(a)×10）」や、作目ごとの販売単価（作目ごとの売上高／生産量)」の現状を把握します。これらの情報は、個人事業においては、青色申告決算書の情報から把握が可能です。

（３期比較表　例）　　　　　　　　　　　　　　（単位：円）

勘定科目	Ｙ１	Ｙ２	Ｙ３
販売金額	29,722,261	30,016,507	27,939,838
雑収入	2,752,061	2,779,306	2,587,022
収入金額合計	32,474,322	32,795,813	30,526,860
期首農産物棚卸高	400,000	949,000	552,000
期末農産物棚卸高	−949,000	−552,000	−551,000
租税公課	713,300	720,400	670,600
種苗費	730,182	737,411	686,394
肥料費	4,328,514	3,407,092	3,728,965
農具費	721,027	913,680	979,492
農薬衛生費	1,991,934	1,865,021	1,970,746
諸材料費	2,116,507	1,690,920	1,399,082
修繕費	1,254,737	1,402,825	1,052,358
動力光熱費	2,940,131	3,527,003	3,214,827
作業用衣料費	308,142	142,384	280,685
農業共済掛金	713,833	592,380	878,040
荷造運賃手数料	1,353,775	1,344,379	1,229,867
雇人費	512,400	620,100	194,593
利子割引料	115,074	48,195	106,047
地代賃借料	1,724,311	1,977,591	2,328,360
減価償却費	1,624,428	1,733,526	1,603,165
土地改良費	215,001	187,758	174,631
リース料	1,224,225	1,274,225	1,136,745
雑費	55,666	67,009	71,561
必要経費小計	22,094,187	22,648,899	21,707,158
専従者給与	3,500,000	3,500,000	3,500,000
所得金額	6,880,135	6,646,914	5,319,702

　青色申告決算書における損益計算書を組み替えて、製造原価と販売費及び一般管理費に分けて集計すると、製造のためのコスト、販売管理のためのコストが把握でき、経営実態がより具体的に把握できます。

（参考）個人の青色申告決算書は、製造に関する費用と販売管理に関する費用とに分かれていません。経営を分析し、計画を立てる場合には、法人の決算書のように、費用を製造に関する費用と販売管理に関する費用とに分けて考えることが必要です。たとえば、上記の損益計算書のＹ３年度については、実態を検討しながら以下のように分解することができます。

勘定科目	Y3
販売金額	27,939,838
雑収入	2,587,022
収入金額合計	30,526,860
期首農産物棚卸高	552,000
期末農産物棚卸高	551,000
租税公課	670,600
種苗費	686,394
肥料費	3,728,965
農具費	979,492
農薬衛生費	1,970,746
諸材料費	1,399,082
修繕費	1,052,358
動力光熱費	3,214,827
作業用衣料費	280,685
農業共済掛金	878,040
荷造運賃手数料	1,229,867
雇人費	194,593
利子割引料	106,047
地代賃借料	2,328,360
減価償却費	1,603,165
土地改良費	174,631
リース料	1,136,745
雑費	71,561
必要経費小計	21,707,158

分類 →

材料費	労務費	減価償却費	償却費以外	販管費等
			670,600	
686,394				
3,728,965				
			979,492	
1,970,746				
1,399,082				
			802,358	250,000
			2,974,827	240,000
	280,685			
			878,040	
				1,229,867
	194,593			
				106,047
			2,328,360	
		1,603,165		
			174,631	
			1,136,745	
			71,561	
7,785,187	475,278	1,603,165	10,016,614	1,825,914

小計	21,706,158
期首棚卸	552,000
期末棚卸	551,000
必要経費	21,707,158

②　設備投資概要の設定

新規設備投資を行う場合には、以下の事項を参考に設備投資の概要を設定します。

設備投資の内容	既存設備の更新、生産規模拡張、販売設備の新設など
実施時期	設備投資の時期を定めると同時に、これに付随する活動（採用活動、営業活動など）の概要も検討
投資額の概要	設備の価格、設備増設に伴う増加分の運転資金の目安、既存設備がある場合の廃棄費用、設備の取得に伴う不動産取得税などの税金なども考慮
資金調達の方法	自己資金、借入金、補助金、増資など

③　規模目標の設定

設備投資概要の設定と並行して、現状と新規設備とを踏まえた規模目標を設定します。ここでは、稲作の面積拡大（規模拡大）と、新たな作目として野菜用パイプハウス4棟新設（設備投資）を含めた経営計画について検討します。

（規模目標の設定　例）

		現状	3年後	5年後
全体耕作面積（飼養頭数）		30ha	40ha	50ha
	稲作	30ha	39ha	48ha
	野菜	―	1ha	2ha
従業員数（専従者含む）		1人	2人	3人
年間売上高		30,000 千円	40,000 千円	50,000 千円

④　計画の数値化

以上で整理した「現状」「設備投資の概要」「規模目標」をもとに、今後5～10年程度の事業計画を具体的に数値化します。

⑤　損益計画の立て方

　過去3期分の平均や推移を参考に、経営規模・設備の状況を勘案して計画を立てます。

- ・売上計画を設定する
- ・売上計画に対応する製造原価を設定する
- ・返済金額、支払利息、減価償却費の概算を見積もる
- ・販売費及び一般管理費を見積もる
- ・営業外収益・営業外費用を見積もる（補助金・支払利息）
- ・大まかな税額を算出し、各年度の純利益を算定する

a)　売上計画

　作目または部門ごとに、目標生産量と販売単価を設定し、売上高の目標を数値化します。

目標売上高　＝　目標生産量　×　目標販売単価

売上計画　例1

作目	項目	Y1	Y2	Y3	Y4	Y5
稲作	収量(10a/kg)	600	600	600	600	600
	面積(ha)	30.0	35.0	39.0	43.0	48.0
	生産量(kg)	180,000	210,000	234,000	258,000	288,000
	販売単価(kg/円)	150	150	150	150	150
	売上高(千円)	27,000	31,500	35,100	38,700	43,200
野菜a	収量(10a/kg)	350	490	700	700	700
	面積(ha)	6	6	6	6	6
	生産量(kg)	21,000	29,400	42,000	42,000	42,000
	販売単価(kg/円)	90	90	90	90	90
	売上高(千円)	1,890	2,646	3,780	3,780	3,780
合計	売上高(千円)	28,890	34,146	38,880	42,480	46,980

ここでは、以下の観点から計画を策定しています。

〔稲作〕

- ・10a あたりの収量を増やすことよりも、品質向上を優先するため、10a あたりの収量は現状どおりとした。

・面積は計画通りに広げられるものではないが、目標として徐々に規模を増やして無理なく規模拡大を進めるイメージを数値化した。

・販売単価の上昇は見込めないものの、品質向上と販売努力で最低限今の単価を確保することを目指す。

〔野菜〕

・近隣の実際のデータや、農林水産省や都道府県などが公表する統計をもとに収量、販売単価などの予算を組んだ。

・0.5ha のハウス 4 棟で試験的に栽培開始、年 3 回転を目標。（面積 0.5ha×4×3＝6ha）。

・初年度から収量は見込めないことから、初年度は、理論値の 50％、2 年目は 70％を想定。

　計画を立てた結果、5 年目の売上高は、稲作 43,200 千円＋野菜 3,780 千円＝46,980 千円となり、この計画では目標の 50,000 千円には及ばないことがわかります。つまり、稲作・野菜（新規作目）とも収量を増やす工夫をするか、新規作目は、同様の収量が見込めかつ単価が 200 円程度の作目（品種）でなければ、目標を達成できません。

　計画の段階ではこのように、試行錯誤を繰り返して作成しますが、現実は計画通り行きません。しかし、目指す数値を設定することにより、これを基準としてどの程度の差異が生じているかを把握することができ、軌道修正の目安となるのです。

⑥　損益計画の作成

売上計画の次に、全体の損益計画を立てるため、おおまかな損益計画表を作成します。

損益計画表の事例1

（単位：千円）

	現状	Y1	Y2	Y3	Y4	Y5
売上高（1）	27,939	31,200	37,380	43,500	47,100	51,600
製造原価（2）＝①～④+棚卸	26,880	31,903	34,103	40,103	42,103	48,103
材料費①	7,785	8,800	10,000	13,000	14,000	17,000
労務費②	7,475	7,500	7,500	10,500	10,500	13,500
減価償却費③	1,603	5,603	5,603	5,603	5,603	5,603
減価償却費以外の経費④	10,017	10,000	11,000	11,000	12,000	12,000
売上総利益（3）＝（1）－（2）	1,059	▲ 703	3,277	3,397	4,997	3,497
販売費及び一般管理費（4）	1,720	2,000	3,000	3,000	3,000	3,000
営業利益（5）＝（3）－（4）	-661	-2,703	277	397	1,997	497
営業外収益（6）	2,587	2,500	2,500	2,500	2,500	2,500
営業外費用（7）	106	300	270	240	210	120
経常利益（8）＝（5）＋（6）－（7）	1,820	▲ 503	2,507	2,657	4,287	2,877
税引前当期利益（9）	1,820	▲ 503	2,507	2,657	4,287	2,877

a）　材料費・労務費・経費の見積もり

　　製造原価は、大きく、材料費・労務費・経費に区分されます。自らの経営の実績のほか、地方公共団体などが公表している経営指標などの情報を参考に、材料費・労務費・経費を見積もります。その際、「変動費」「固定費」の概念を理解した上で計画を立てると、より具体的かつ柔軟性のある計画の策定が可能となります。変動費とは、生産規模に応じて直接的に変動する費用であり、農業の場合は「材料費」のみを変動費と考えます。また、固定費は、生産規模に関わらず、固定的に発生する費用をいい、労務費及び経費（減価償却費、水道光熱費など）が固定費に分類されます。

> 材料費・・・変動費＝生産規模に応じて直接的に変動する費用
> 労務費・減価償却費＝生産規模に関わらず、固定的に発生する費用

　　個人事業の場合、青色申告決算書等の損益計算書には、事業主本人や家族の労賃が経費に計上されていませんが、損益計画においては、それぞれの労賃を労務費として計上します。

　　上記事例で「現状」の労務費欄に記載した金額は、損益計算書に計上された雇人費に、１人あたり 3,500 千円×２人＝7,000 千円を含めています。また、３年目と５年目に増員する計画です。

b）　新規設備の減価償却費の算定

　　設備投資により製造原価に含める減価償却費が大きく変動するため、減価償却費は具体的に把握します。

　　減価償却費は、定額法を採用するか、定率法を採用するかにより、金額が大きく異なります。定額法を採用した上で、借入金の返済期間を借入により取得した固定資産の耐用年数と一致させると借入金の残高管理がしやすくなります。税務上、定率法の採用が認められている資産については、定額法より定率法の方が前倒しで費用計上できるため、税負担・資金繰りの観点からは有利という特徴があります。

　　ここでは、新規設備について定額法を採用したものとして、取得価額を耐用年数の 10 年で除した金額（40,000 千円÷10 年＝4,000 千円）を減価償却費の見積額として追加計上しています。

c）　販売管理費計画

　　現状の販売費及び一般管理費の項目を列挙し、過去３期分の平均や推移を参考に、設備の状況を勘案して、計画を立てます。

d）　営業外収益の見積もり

　　期待される補助金などを把握します。なお、設備投資に際して、固定資産の取得のために交付を受ける補助金については、臨時的な利益（特別利益）として把握し、圧縮記帳との関係に留意が必要です。

e）　営業外費用（支払利息）の見積もり

　　設備投資の際に借入金による調達をした場合には、返済金額、支払利息を把握します。ここでは簡便的に、元金は、毎年均等額を返済することとして試算しています。返済金額は、損益計算には影響しませんが、資金繰りに大きく影響するので、留意が必要です。また、既存の借入金の返済金額や支払利息にも留意します。

【設備投資時の借入金の概要】

①設備投資額（ハウス4棟、@5,000千円）	20,000 千円
②借入金額	20,000 千円
③借入期間	10 年間
④利率	1.0%

※補助金の取得を目指しつつ、全額を金融機関から借り入れるシミュレーションを行う。

【返済金額の把握】

①1年あたりの返済金額（新規借入分）	2,000 千円
②1年あたりの返済金額（既存借入分）	1,000 千円
③合計（①＋②）	3,000 千円

【支払利息の把握】

　　支払利息は、借入時の元本に利息を乗じるのではなく、借入残高に利率を乗じて計算されます。厳密に計算する場合には、毎月の返済額を加味した借入金残高を把握する必要がありますが、ここでは簡便的に年間の支払利息を把握します。既存分の残高、返済金額、利息などは、返済予定表より把握します。ここでは、既存分の借入返済は、Y4で終了する予定です。

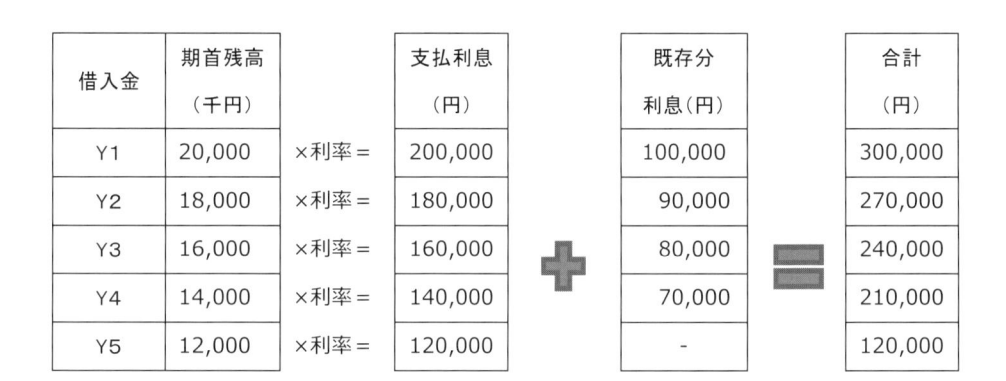

借入金	期首残高 （千円）		支払利息 （円）		既存分 利息（円）		合計 （円）
Y1	20,000	×利率＝	200,000		100,000		300,000
Y2	18,000	×利率＝	180,000		90,000		270,000
Y3	16,000	×利率＝	160,000		80,000		240,000
Y4	14,000	×利率＝	140,000		70,000		210,000
Y5	12,000	×利率＝	120,000		-		120,000

期首残高＝前期首残高－年返済金額

利息＝期首残高×利率

f）　その他の検討事項

・法人の場合は、実効税率などを参考に、税引前当期利益に税率を乗じて概算税額を算定

・販売先や流通経路の確保について

・設備拡大に伴う人員の確保について

・設備投資に伴う税金の検討（不動産取得税の計上、消費税の還付の検討など）

(3)　6次産業化

　6次産業化とは、農林水産省が、「雇用と所得を確保し、若者や子供も集落に定住できる社会を構築するため、農林漁業生産と加工・販売の一体化や、地域資源を活用した新たな産業の創出を促進する」ことを目的として推進している施策です。「6次」とは、1次産業、2次産業、3次産業を足し上げて1＋2＋3＝6とも、掛け合わせた1×2×3＝6とも言われます。

　国は、「地域資源を活用した農林漁業者等による新事業の創出等及び地域の農林水産物の利用促進に関する法律」（六次産業化・地産地消法）を制定し、(1)農林漁業者による加工・販売への進出等の「6次産業化」に関する施策、(2)地域の農林水産物の利用を促進する「地産地消等」に関する施策、を総合的に推進することにより、農林漁業の振興等を図ることを目指しています。

　6次産業化の成功のための最大のポイントは、新たに進出する2次産業または3次産業の事業が、「単体の事業として成り立つものであること」です。農業経営の延長線上の事業ではなく、まったく異なる新たな事業であることを認識したうえで、計画する必要があります。

新規事業計画においても、「長期計画」「中期計画」「短期計画」を策定します。そのほか、主な検討事項は、以下のとおりです。

①　新規事業の事業主体の決定

　a 個人事業主が個人事業主のまま６次産業化するケース、b 法人経営が同法人内で新たな事業部として６次産業化の事業に進出するケース、c 新事業は新たな法人を設立して運営するケースなど事業主体の形態にはさまざまなケースがあります。

事業主体	メリット	デメリット
a 個人事業	簡便 費用が抑えられる	信用力が低い 管理が甘くなりやすい
b 法人内で新事業部門	信用力が高い 費用が抑えられる	事業部別の損益が把握しづらい 区分経理が必要なため、事務が煩雑になる 農地所有適格法人の場合、要件を満たす範囲内での活動に制限される
c 新法人	個人事業よりは信用力が高い 区別が明確になり、管理しやすい 農地所有適格法人の要件の制限を受けない	会社設立費用など費用が増える

　経営成績の把握を明確に区別して行うことにより、正しい評価がしやすいこと、農地所有適格法人の要件による制約を受けないこと、６次産業化に伴う設備投資が多額となる場合には、法人のほうが金融機関から借り入れしやすいこと、などを総合的に判断すると、６次産業化による新規事業は、新法人を設立する方法が適しているケースが多い。

② 設備投資資金の確保

6次産業化に特化した資金調達方法としては、以下の方法があります。

スーパーW資金（農林漁業施設資金・アグリビジネス強化計画）

日本政策金融公庫の制度融資で、概要は以下のとおりです。

融資制度	対象	融資限度額	融資期間 （うち据置期間）
スーパーW資金（農林漁業施設資金・アグリビジネス強化計画）	認定農業者が加工・販売などを行うために設立した法人（アグリビジネス法人）	事業費の80％以内 ※一部の場合、事業費の90％以内となります。	設備資金：25年以内 （5年以内） 関連費用：10年以内 （3年以内）

③ 人材確保

全く新しい事業への進出の場合、その事業の中心となるキーパーソンが必要です。このキーパーソンは、その事業で独立経営できるレベルの高度な業務遂行能力を備えている必要があります。キーパーソンのほかに、その分野のコンサルタントからのアドバイスなどを受けることも検討します。

２．短期経営計画の策定

　短期経営計画とは、当面１年間の農業経営について立案する経営計画です。一般的には、個人においては暦年、法人においては事業年度ごとに作成します。予定される生産規模に対する生産計画（いつ、なにを、どのくらい生産するか）と、これにより得られる収入予算などを検討します。以下では、2019 年１月より導入された収入保険制度において検討が求められる事項も含め、短期経営計画の策定について説明します。

（1）　栽培作目の選定
　　栽培作目の選定に際しては、以下の検討を行います。

①　収益力の高い作目を優先的に選定
　　収益力の高い作目とは、販売単価の高い作目のことではありません。販売収入から、これを得るために要した費用（コスト）を引いた後の利益が高い作目をいいます。
　　耕種農業の場合、10a 当たりの作目別の 10a 当たり限界利益を算出し、これを比較することで収益力の高い作目を見極めます。（10a 当たりの作目別の 10a 当たり限界利益については、後述します。）

②　限られた経営資源を最大限に生かす
　　たとえば、単品目で、栽培時期が異なる品種を組み合わせることにより、栽培時期を最大限に拡大することが考えられます。単品目なので多品目を扱う場合と異なり品目ごとに異なる農機具を設備する必要がないため、最小限の設備投資で多くの農産物を生産することができます。品種ごとの収益力の違いがあっても、全体のコストを下げる効果と、全体の収益を上げる効果が見込めます。
　　他に、最小限の設備投資で利益の最大化を目指す方法として、播種から収穫までの期間が短く、年間を通じて、数回の収穫が可能なものを選定する方法も考えられます。ただし、同じ品種を繰り返し作付ける場合には、連作障害に配慮する必要があります。
　　このように、収益、費用の両面から経営資源を最大限に生かすことが可能な作目を検討します。

③　補助金は収益力の一部
　　国や地域の政策として生産の促進に取り組んでいる作目には、生産量や栽培面積に応じて交付される補助金があります。農業においては、補助金もその作目の収益力を構成するものとして考えて、飼料用米や大豆など、交付単価の高い品目を選定するこ

とで収益力の向上が期待できます。

④　高付加価値化

　付加価値の高い作目を模索し、技術力の向上のために試験栽培を行うことは、将来の農業所得向上のために必要です。収入増加を目指して、需要が高い品目、今後の需要が見込まれる品目を検討すること、低コスト化を目指して、加工・業務用ニーズに合わせた規格・品質による生産を検討することなどが考えられます。新規の作目に取り組む際には、技術力向上や生産設備の検討のほか、販売先を確保できるか、流通経路を確保できるかなどの検討も必要です。

(2)　営農計画書
①　営農計画書とは

　営農計画の基本は、生産する作目ごとの生産規模を明確にすることです。農業では生産規模が売上高を決める最も基本的な要因になるからです。生産規模とは、耕種農業の場合は作付面積、畜産農業の場合は飼養頭羽数です。

表．営農計画書の例（耕種農業）

農産物		作付予定 面積（a）	作付期間	当期収穫 割合	備考
種類	品目・用途				
米	主食用	3,000	6月～10月		
米	加工用	500	6月～10月		
米	飼料用	500	6月～10月		
小麦	交付金対象	2,500	前年11月～5月		
小麦	交付金対象	2,000	11月～翌年5月	0%	
大豆	交付金対象	1,000	7月～11月		
キャベツ		400	3月～6月		
レタス		200	11月～翌年1月	50%	

　2019年から導入された収入保険制度においても、営農計画書が重要な役割を果たします。収入保険制度は、過去5年間の平均収入を基本とする「基準収入」と当年収入の差額を収入減少として補償対象としています。

　この基準収入について、農業者が当年の経営面積を過去よりも拡大する場合や、過去の収入金額に一定の上昇トレンドの実績が確認できる場合等は、適切なセーフティーネットとなるよう、それぞれ動向を反映して、保険期間の営農計画に基づく保険期間中に見込まれる農業収入金額を上限として基準収入を上方修正することとなって

います。これを「規模拡大特例」と呼んでいます。

　一方、前年に比べ経営規模を縮小すること等により、当年の収入が過去の平均収入よりも低くなると見込まれる場合は、下方修正することとし、保険期間の営農計画に基づく保険期間中に見込まれる農業収入金額を基準収入として設定することとしています。

②　収入保険制度における「保険期間の営農計画」

　「保険期間の営農計画」には、当年に営農を行う全ての農産物の種類ごとに、作付予定面積、作付期、収穫期の予定を記載します。ただし、少量栽培などのため、種類ごとに記載することが困難な場合、「その他品目」として一括りにして作付予定面積等を記載することができます。作付から収穫まで複数年にわたる農産物等（さとうきびや果樹、麦等）については、作付する年から収穫する年までの情報を毎年の「保険期間の営農計画」に記載します。

a）　種類・品目・用途

　当年に営農を行う農産物の種類ごとに記載します。同じ種類の農産物でも、経営所得安定対策の交付金の対象の有無や交付単価が異なる場合は、それらの区分ごとに記載します。たとえば、米については、主食用（交付金対象外）、加工用（水田活用の直接支払交付金 20,000 円/10a）、飼料用（水田活用の直接支払交付金 55,000 円～105,000 円/10a）などと区分することになります。

b）　作付予定面積

　当年に作付する予定の面積又は既に作付している面積等を記載します。

c）　作付期・収穫期

　作付予定及び収穫予定の年及び月を記載します。

d）　保険期間に収穫する割合

　保険期間に収穫する割合の予定を記載します。

e）　備考

　加入申請の段階で既に事故が発生している農産物等がある場合は、その旨を記載します。牛マルキン等の対象品目である、肉用牛、肉用子牛、肉豚及び鶏卵の生産・販売に取り組む者については、これらの品目についても、営農計画に含めて記載することとし、備考欄において、対象外品目であることを明記します。

　　また、基準収入の算定に当たって、規模拡大特例の適用を希望する場合は、「経営面積の合計」欄に、当年の経営面積を記載します。この場合、経営面積を確認できる書類（農地台帳など）を添付します。

(3)　収入予算書
①　収入予算書とは

　　収入予算書とは、営農計画書に基づいて、農産物や畜産物の販売金額や事業消費金額などの収入金額の予算を作成するものです。収入保険制度の「保険期間の営農計画に基づく保険期間中に見込まれる農業収入金額」もこの収入予算書の一種です。

表．収入予算書の例（耕種農業）

農産物		収穫予定面積(a)	見込単収（kg/10a）	期待収穫量（kg）	見込単価	予算額	備考
種類	品目・用途						
米	主食用	3,000	690	207,000	245	50,715,000	
米	加工用	500	750	37,500	70	2,625,000	
米	飼料用	500	780	39,000	25	975,000	
小麦	交付金対象	2,500	310	77,500	36	2,790,000	
小麦	交付金対象	2,000					次期
大豆	交付金対象	1,000	150	15,000	110	1,650,000	
キャベツ		400	3,600	144,000	100	14,400,000	
レタス		100	900	9,000	250	2,250,000	

②　収入保険制度における保険期間中に見込まれる農業収入金額計算書

　　「保険期間の営農計画に基づく保険期間中に見込まれる農業収入金額」は、収入保険制度において、過去5年間の平均収入を基本とする「基準収入」を保険期間の営農計画に基づいて修正する際に使用するものです。

　　「保険期間の営農計画に基づく保険期間中に見込まれる農業収入金額」には、「保険期間の営農計画」に記載した農産物等のうち、「当年（年度）の収穫に係る作付面積」欄等が記載されている農産物等の種類について、見込販売金額、見込事業消費金額、見込期末棚卸高、見込期首棚卸高及び見込数量払金額を記載します。

a）　種類・品目・用途

　営農計画と同じ種類・品目・用途で記載します。

b）　見込期首棚卸高

　期首棚卸高が見込まれる場合は、「数量」欄に見込数量を記載します。期首棚卸高見込は、農産物等の種類ごとに、期首棚卸高の見込数量に見込販売金額の見込販売単価を乗じて計算します。

c）　保険期間の見込収穫数量等・見込販売金額

　「作付予定面積等」欄は、「保険期間の営農計画」の「保険期間の収穫に係る作付面積」欄、又は「保険期間の出荷に係る飼養又は導入頭羽数」欄の値を記載します。

　「見込単収等」欄、「見込販売単価」欄は、加入者の過去の実績による平均単収、平均販売単価を記載します。新規に作付する農産物等の場合は、地域の平均単収や平均販売単価などの根拠に基づき記載します。

d）　見込事業消費金額

　事業消費を予定している場合は、「数量」欄に、予定数量を記載します。見込単価は、見込販売金額欄の見込販売単価以下で任意で設定します。事業消費見込は、農産物等の種類ごとに、当年の事業消費見込数量に見込単価を乗じて計算します。

e）　見込期末棚卸高

　期末棚卸高見込の「数量」欄は次により計算します。

　保険期間の見込収穫数量等「数量」＋見込期首棚卸高「見込在庫数量」－「見込販売数量」－「見込事業消費数量」－見込家事消費「数量」

　見込期末棚卸高は、農産物等の種類ごとに、見込期末棚卸高「数量」に見込販売単価を乗じて計算します。

f）　見込数量払金額

　数量払が支払われる農産物等がある場合は、「見込数量払単価」欄に、当年の交付予定単価を記載します。見込数量払金額は、農産物等の種類ごとに、交付対象見込数量（作付予定面積等×見込単収等）に見込数量払単価（経営所得安定対策等実施要綱で定められた平均交付単価など）を乗じて計算します。

（4）　短期利益計画

①　作目別変動損益計算書と変動費・変動益

　短期利益計画を作成するうえで、作目別の限界利益や貢献利益を作目別変動損益計算書（直接原価計算方式による作目別損益計算書）によって把握します。直接原価計算方式による部門別損益計算書は、「変動損益計算書」とも呼ばれます。変動損益計算書では、変動益（売上高）から変動費を控除して限界利益を計算し、限界利益から固定費を控除して利益を算出します。また、直接原価計算とは、原価要素を変動費と固定費とに分類し、変動費のみを製品原価とする原価計算をいいます。これを作目別に区分した限界利益・貢献利益（作目利益）を算出したのが作目別変動損益計算書（直接原価計算方式による作目別損益計算書）になります。

図. 作目別変動損益計算書

	A作目	B作目	合　計
変動益（売上高）	×××	×××	×××
変動費	×××	×××	×××
限界利益	×××	×××	×××
個別固定費	×××	×××	×××
作目利益（貢献利益）	×××	×××	×××
共通固定費			×××
営業利益			×××

　作目別変動損益計算書では、作目利益の計算において原則として固定費を考慮せず、固定費の按分が不要になります。作目別の変動益と変動費の差額から限界利益を計算しますので、作目利益の算出が簡単になります。

　一般に、売上げの増減に応じて増減するかどうかで変動費と固定費とを区分しますが、農業では作況や市況によって売上高が変動するので、変動費に該当するのは販売手数料だけになってしまいます。このため、農業では、売上げの代わりに生産規模を基準として、生産規模の増減にかかわらず変化しない原価要素を固定費、生産規模の増減に応じて比例的に増減する原価要素を変動費と考えて区分します。なお、農地賃借料や土地改良費は、本来、変動費となりますが、部門共通費となるため、短期利益計画では固定費に含めて差し支えありません。

　また、農業では、限界利益の算出において、売上高の代わりに「変動益」を用います。変動益とは、生産規模の増減に応じて比例的に増減する収益をいい、変動益には営業収益に属する項目のほか、水田活用の直接支払交付金など「作付助成収入」が含まれます。

　なお、後述する作目別変動損益計算書・短期利益計画の様式例では、作目別の売上高と材料費を把握することができます。これによって作目別の売上高材料費比率を計算することができます。

図．売上高材料費比率の計算式

$$売上高材料費比率（\%）＝\frac{材料費（計）}{売上高（製品売上高＋価格補填収入）}×100$$

　売上高材料費比率は、売上高に占める材料費の比率を示す指標です。値が小さいほど少ない材料費で多くの売上高を実現しており、技術水準が高いことを表します。作目別の技術力の水準を把握することによって、最適な栽培作目の選択のための判断材料を得ることができます。

②　短期利益計画の作成

　短期利益計画は、作目別変動損益計算書（直接原価計算方式による作目別損益計算書）による実績に基づいて予算を作成します。具体的には、前年度の実績を参考に、作付面積の増減を加味して予算を策定します。この際、変動費・変動益を重点に予算を策定し、固定費・固定益の予算は前年並みの概略でかまいません。

　予算の作成において、収益については収入予算書に基づいて作成します。一方、費用については、初歩的な段階（初級）では、前年実績の10a当たり肥料費など10a当たり勘定科目別金額を基に作付面積を乗じて予算を作成します。一歩進んだ段階（中級）では、次のように予算単価と単位面積当たり数量、作付面積から積算します。

図．変動費の予算の計算式

変動費＝予算単価×単位面積当たり予測数量×作付面積

　利益計画では、作目利益だけでなく、経営全体の利益を予測する必要がありますが、この方法による短期利益計画では、作目ごとの作目利益を計算して、その合計から固定費を控除して経営全体の利益を算出します。このため、短期利益計画では、変動益と変動費に属ずる勘定科目の分だけ予算を作成すれば良いことになります。

　さらに進んだ段階（上級）では、その作目に固有の農業機械の減価償却費などの固定費を「個別固定費」として作目別に控除して作目利益を計算します。なお、固定費のうち、設備投資や修繕など投資的経費は、別途、予算及び投資計画を作成して「個別固定費」または「共通固定費」に加算するなど、経営計画に反映する必要があります。

　なお、作目別変動損益計算書において労務費を変動費として計上するには、作目別の作業時間に賃率（労働単価）を乗じて計算しますが、この方法は作目別の作業時間を把握する必要があり、容易ではありません。そこで、土地利用型農業では、これに代わる簡便な方法として、部門間で農作業受委託を行っていると考えて、内部委託費を変動費として計上する方法があります。この場合、経営の外部から田植えや稲刈りなどの農作業を受託する場合の10a当たり作業料金を用いて、これに作付面積を乗じて内部委託費を計算し、個々の作目（部門）の変動費として計上します。一方、内部委託費の合計額と同額を作業受託部門または経営全体（合計）の内部売上高として計上することになります。

　集落営農など土地利用型農業で使用する場合の作目別変動損益計算書・短期利益計画の様式例は次のとおりです。

表．土地利用型農業の短期利益計画の様式

作目		主食用米		飼料用米		大豆		合計	
年度		前年	当年	前年	当年	前年	当年	前年	当年
作付面積(a) ①									
変動益	売上高 ②								
	価格補填収入 ③								
	Ⅰ営業収益②＋③								
	［内部売上高］								
	作付助成収入								
	変動益計(A)								
変動費	種苗費 ④								
	肥料費 ⑤								
	農薬費 ⑥								
	諸材料費 ⑦								
	Ⅱ材料費(④〜⑦)								
	作業委託費								
	［内部委託費］								
	動力光熱費								
	共済掛金								
	とも補償拠出金								
	荷造運賃								
	販売手数料								
	変動費計(B)								
限界利益(C)＝(A)—(B)									
同 10a 当たり(C)/①/10									
売上高材料費比率Ⅱ/Ⅰ									
個別固定費(D)									
貢献利益(E)＝(C)—(D)									

			共通固定費		
			共通固定益		
			利益		

③　作目別の10a当たり限界利益の比較

　農業経営では、農地が基本的な生産手段であると同時に、規模拡大など経営発展の制約要因となります。他の経営と比較して優位性のある作物の規模拡大をするうえで、新たな農地を確保することが困難であれば、経営する他の作物の作付面積を減らして対応せざるを得ません。また、農地という経営資源を最大限に有効活用するためにも、経営内で最も収益性の高い作物に優先的に農地を振り向ける必要があります。

　作目別の収益性を比較するには、作目を部門とした部門別損益計算書を作成すれば良いことになります。しかしながら、部門別損益計算書を作成するには、すべての損益科目についてその金額を部門別に按分しなければならず、その按分比率を決めるのも容易ではありません。そこで、できるだけ少ない勘定科目の金額を基に、しかも各部門への按分処理をしないで簡単に部門別利益を計算する方法が求められます。

　このため、ここで用いるのは、直接原価計算方式による部門別損益計算書によって作目別の限界利益を算出し、これに基づいて作目別の10a当たり限界利益を比較する方法です。固定費は、どんな作物を生産しても変わらない費用なので、作目利益を比較する上では考慮しません。実績に基づいて10a当たり限界利益を算出し、10a当たり限界利益の大きい作目に重点を移した経営計画を作成することで、経営面積を増やさなくても所得を増やすことができます。

3．資金計画

(1)　資金繰り表

　　規模拡大や設備投資などの際には、損益計画をもとに、資金計画を策定します。損益は黒字であっても、資金がショートする（足りなくなる）ことがあるため、資金計画まで作成し、各年において、期末現金残高がマイナスにならないように設定する必要があります。もし、資金計画のどこかの時点で、現預金残高がマイナスになってしまった場合には、損益計画の見直しが必要となります。

①　中期計画（規模拡大計画・設備投資計画）と資金繰り表

　　本来は、貸借対照表・キャッシュ・フロー計算書も含めた計画表を作成しますが、まずは簡便的に、資金ショートが発生しないことを把握することは有効です。ここでは、既述のⅢ経営計画（2）規模拡大・設備投資の項で作成した損益計画表の事例1をもとに資金繰りを試算します。

損益計画表の事例1

（単位：千円）

	現状	Y1	Y2	Y3	Y4	Y5
売上高（1）	27,939	31,200	37,380	43,500	47,100	51,600
製造原価（2）＝①～④+棚卸	26,880	31,903	34,103	40,103	42,103	48,103
材料費①	7.785	8,800	10,000	13,000	14,000	17,000
労務費②	7,475	7,500	7,500	10,500	10,500	13,500
減価償却費③	1,603	5,603	5,603	5,603	5,603	5,603
減価償却費以外の経費④	10,017	10,000	11,000	11,000	12,000	12,000
売上総利益（3）＝（1）－（2）	1,059	▲ 703	3,277	3,397	4,997	3,497
販売費及び一般管理費（4）	1,720	2,000	3,000	3,000	3,000	3,000
営業利益（5）＝（3）－（4）	-661	-2,703	277	397	1,997	497
営業外収益（6）	2,587	2,500	2,500	2,500	2,500	2,500
営業外費用（7）	106	300	270	240	210	120
経常利益（8）＝（5）＋（6）－（7）	1,820	▲ 503	2,507	2,657	4,287	2,877
税引前当期利益（9）	1,820	▲ 503	2,507	2,657	4,287	2,877

損益計画に基づく簡便的な資金繰り表

CF: 年次資金繰り表

（単位：千円）	Y1	Y2	Y3	Y4	Y5
税引前当期純利益	▲ 503	2,507	2,657	4,287	2,877
減価償却費（＋）	5,603	5,603	5,603	5,603	5,603
法人税等の支払額（前期の税金）（－）	70	70	627	664	1,072
消費税等の支払額(-)	621	693	831	967	1,047
固定資産の取得(-)	20,000				
借入金(+)	20,000				
借入金の返済(-)	3,000	3,000	3,000	3,000	3,000

期首現預金残高（＝前期末現預金残高）	3,000	4,409	8,756	12,558	17,817
当期現預金増減	1,409	4,347	3,802	5,259	3,361
期末現預金残高	4,409	8,756	12,558	17,817	21,178

※厳密には、売掛金・買掛金の残高や、期末棚卸高の増減などを加味する必要があります が、ここでは主な数値で簡便的に資金繰りを検討しています。

損益計画と資金計画とが異なる理由

　損益計算書上は利益が出ているのに、それだけの現金が手元に残っていないことは生じ得ます。これは、損益計算書上の損益計上のタイミングと、現金収支のタイミングが異なることが原因です。以下に、損益計上と現金収支のタイムラグが生じる主なケースを紹介します。

・固定資産の取得と減価償却費の計上

　固定資産を一括払いで取得した場合には、現金はその固定資産の取得価額相当額が外部に流出します。しかし、損益計算上は、原則的には、その固定資産の取得価額相当額を一時に費用計上することはありません（＝現金支出はあるが、費用計上しない）。

　固定資産の取得価額は、減価償却の手続を通じて、耐用年数に亘って徐々に費用計上します。この減価償却費は、損益計算において費用となりますが、費用計上のタイミングでは現金支出は伴いません（＝現金支出のない費用）。

> ・借入金の借入と返済
>
> 　借入金は、借入時に現金収入がありますが、その金額は損益計算上の収入ではありません。また、借入金の元本を返済する際には、現金支出はありますが、その金額は損益計算上の費用ではありません。
>
> ・売掛金・買掛金
>
> 　後日払いの約束で製品を引き渡した（＝掛けで販売した）場合には、その引渡の時点において売上を計上します。この売上は、損益計算上は収入ですが、その時点では現金収入を伴いません。逆に、その代金を回収する時点では、現金収入はありますが、その時点での売上計上はありません。
>
> 　買掛金についても、同様のことがいえます。費用計上の時点では、損益計算上の費用は発生しますが、その時点での現金支出はないし、買掛金の支払いをした時点では現金の支出はありますが、その時点での損益計算上の費用計上はありません。
>
> ・未払法人税等・未払消費税等
>
> 　決算において把握される法人税等・消費税等は、決算書において納付すべき金額が把握されますが、実際の納税は決算の2ヶ月後であるため、決算書での認識時点と支払の時点とが異なります。

②　資金繰り表作成時の留意点

・不動産取得税、固定資産税や消費税の増加分など、営業サイクル（「仕入→製造→在庫→販売→回収」という通常の事業のサイクル）以外の費用を正しく把握できているか。
・一般的には、取引量の増加に伴って費用の増加が先行し、収入の増加は遅れる。この間の収入・支出の時期は的確に検討し、手持ち資金減の対策ができているか。
・交付金の支給時期を正しく把握しているか。

（参考）経営所得安定対策交付金の交付時期（目安）

① 畑作物の直接支払交付金（ゲタ対策）		
ア　面積払（営農継続支払）	生産年	8月〜10月頃
イ　数量払	生産年	7月〜3月頃
② 米・畑作物の収入減少影響緩和交付金（ナラシ対策）	生産年翌年	5月〜6月頃
③ 水田活用の直接支払交付金	生産年	8月〜3月頃

（出典：「令和2年度経営所得安定対策等の概要」農林水産省）

③　短期利益計画と資金繰り表

　　短期利益計画に基づいた資金繰り表は、月次管理の前提で作成し、資金収支の不足・余剰分の調達・運用を計画します。支払については、支払に使用する預金口座を1つにまとめる、締日・支払日を設定して支払日を統一（月2回程度に絞込み）するなど効率化を進めると、資金繰りの把握もしやすくなります。

(2)　資金調達方法

　農業における資金調達の方法には、主に以下の方法が考えられます。

・金融機関等からの借入 　（制度融資・リースを含む）	返済が必要な資金（他人資本）
・家計の貯蓄を投入 ・補助金 ・外部出資者の受入れ	基本的に返済が不要な資金（自己資本）

　設備投資における資金調達は多額となるため、金融機関からの借入やリースが一般的です。農業においては制度融資が充実しており、認定農業者や認定新規就農者であれば、低金利での資金調達が可能です。

　また、国の補助金や、補助付きリースなども活用されています。これらの補助事業の情報収集については、農林水産省のホームページの「逆引き辞典」が便利です。

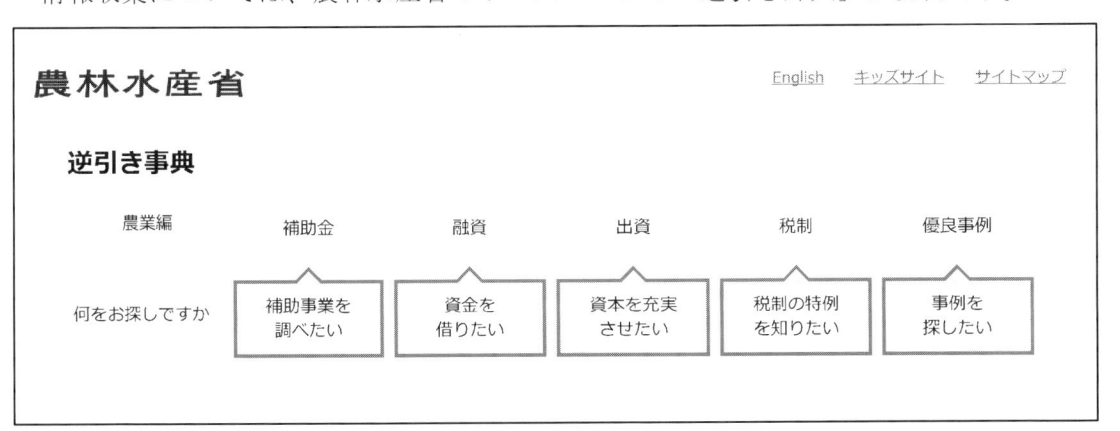

　外部出資の受入れについては、アグリビジネス投資育成や投資事業有限責任組合などのファンドのよる出資受け入れがあります。

①　金融機関からの借入

　農業金融では、法律に基づいた制度融資が多く活用されています。意欲と能力のある農業の担い手が、経営改善を図ろうとする場合に必要な長期資金が的確に供給されるよう整備された制度資金が、農業経営改善関係資金です。農業経営改善関係資金には、「農業近代化資金」「日本政策金融公庫資金」があります。

　また、農業経営の改善に必要な短期資金として、農業経営改善促進資金（スーパーS資金）があります。

a）　農業近代化資金

　　建物、構築物、農機具等の取得や改良、果樹等植栽育成、家畜購入育成、小規模な土地改良、経営規模拡大や経営管理の合理化等の長期運転資金など、使途が幅広く、民間金融機関（農協、銀行、信金等）が融資する最も一般的な長期資金です。県や市町村が利子補給するため、農協等を通じて、低い利率で融資を受けることができます（都道府県により条件が異なることがあります）。

融資制度	対象	融資限度額	融資期間 （うち据置期間）
農業近代化資金	・認定農業者 ・認定新規就農者 ・農業所得が総所得の過半を占めていること、または農業粗収益が 200 万円以上あることなどの条件を満たす農業者 ・上記農業者の経営主以外の農業者（配偶者・後継者等） ・一定の基準を満たす任意団体	認定農業者 … 総事業費の100％（補助金が交付される場合は、総事業費から当該補助金の額を差引いた額） その他の担い手 … 総事業費の 80％（補助金が交付される場合は、総事業費から当該補助金の額を差引いた額の80％） 個人 1,800 万円（知事特認 2 億円）、法人（任意団体含む）2 億円。 ただし、認定農業者にかかる貸付利率の特例を受ける限度金額は、個人 1,800 万円、法人（任意団体含む）3,600 万円	認定農業者：原則借入期間 15 年以内／うち据置期間 7 年以内 認定農業者以外の農業者：原則借入期間 15 年以内／うち据置期間 3 年以内 認定新規就農者が認定青年等就農計画に従って就農する場合：原則借入期間 17 年以内／うち据置期間 5 年以内

（出典）ＪＡバンクＨＰをもとに筆者作成

b）　日本政策金融公庫資金

　　農地取得資金や、機械・施設の設備資金で償還期間が長い、資金規模が大きい場合などに、日本政策金融公庫等が融資する長期資金です。日本政策金融公庫資金の概要は、以下のとおりです。

融資制度	対象	融資限度額	融資期間 （うち据置期間）
スーパーL資金	認定農業者 　（個人の場合、簿記記帳を行っていること、または今後簿記記帳を行うことが条件）	【個人】3億円 （特認6億円） 【法人】10億円 （特認20億円）	25年以内 （10年以内）
農業改良資金	農林漁業バイオ燃料法の認定を受けた農業者等 米穀新用途利用促進法の認定を受けた生産者等 六次産業化法の認定を受けた農業者等 みどりの食料システム法の認定を受けた農業者等 （いずれも認定計画に掲げる事業に取り組む者）	【個人】 5,000万円 【法人・団体】 1億5,000万円	12年以内 （3年、5年以内）
経営体育成強化資金	農業所得が総所得の過半を占める、または農業粗収益が200万円以上であって、青壮年の家族農業従事者がいること等の一定の要件を満たす個人、農業売上高が総売上高の過半を占める、または農業売上高が1,000万円以上であって、常時従事者の構成員がいる法人、認定新規就農者、その他農業参入法人・集落営農組織等	負担額の80%、ただし 【個人・農業参入法人】 　1億5,000万円 【法人・団体】　5億円	25年以内 （3年以内）
青年等就農資金	認定新規就農者	3,700万円 （特認1億円）	17年以内 （5年以内）

（出典）日本政策金融公庫ＨＰをもとに筆者が作成

(a)　スーパーL資金

　　認定農業者（農業経営改善計画を作成して市町村長の認定を受けた個人・法人）を対象とした制度です。農業経営改善計画の達成に必要な次の資金が対象となります。事前に、経営改善資金計画を作成し、市町村を事務局とする特別融資制度推進会議の認定を受ける必要があります。

　　なお、個人の場合、簿記記帳を行っていること、または今後簿記記帳を行うことが条件です。

　　一定の要件を満たす認定農業者は、貸付当初5年間無利子で融資を受けることができます。

農地等	取得のほか改良・造成も対象となる
施設・機械	農業生産用の施設・機械、農産物の処理加工施設、店舗などの流通販売施設
果樹・家畜等	購入費、新植・改植費用のほか、育成費も対象
その他の経営費	規模拡大や設備投資などに伴って必要となる原材料費、人件費など
経営の安定化	負債の整理（制度資金は除く）など
法人への出資金	個人が法人に参加するために必要な出資金等の支払い

（出典）日本政策金融公庫ホームページをもとに筆者が作成

(b)　農業改良資金

　　農業経営における生産・加工・販売の新部門の開始や、品質・収量の向上、コスト・労働力の削除のための新たな取り組みための長期資金を無利子で融資する制度です。

　　農業改良措置に関する計画（※）の実施に必要な次の資金が対象となります。国の補助金を財源に含む補助事業（事業負担金を含む）は、本資金の対象となりませんが、地方公共団体の単独補助事業や融資残補助事業（経営体育成支援事業）は対象となります。

施設・機械	農業生産用の施設・機械、農産物の処理加工施設や販売施設も対象
果樹・家畜等	家畜の購入費、果樹や茶など新植・改植費用のほか、育成費も対象
その他の経営費	規模拡大や設備投資などに伴って必要となる原材料費、人件費など
農地の利用権の取得等	農地の利用権や農業用施設・機械の賃借料などの一括支払い ※農地等の取得費用は対象外
品種の転換など	品種の転換や営業権の取得、研究開発に必要な資金など
需要の開拓	需要を開拓するための調査費用、通信・情報処理機材の取得など
その他の経営費	農業改良措置の導入に必要な資材費、雇用労賃などの初度的な経営費

（出典）日本政策金融公庫HPをもとに筆者が作成

（※）農業改良措置の内容について都道府県知事から認定を受けた経営改善資金
　　　計画書のこと。

　　農業改良措置の要件として、次のいずれかを満たすことが必要です。

　　・新たな農業部門の開始（従来取り扱っていない作目、品種への進出）

　　・新たな加工事業の開始

　　・農産物又は加工品の新たな生産方式の導入

　　（新たな技術・取組みを導入して品質・収量の向上やコスト・労働力の削減を
　　目指す場合）

　　・農産物又は加工品の新たな販売方式の導入

（c）　経営体育成強化資金

　　経営改善資金計画又は経営改善計画に基づいて行う農業経営の改善（前向き投
資・償還負担の軽減）を図るために必要な次の資金が対象となります。

【前向き投資】

農地等	取得、改良、造成 ※認定新規就農者の農地等取得の場合には融資限度額等の特例措置あり
施設・機械	農産物の生産、流通、加工、販売等に必要な施設・機械
果樹・家畜等	購入費、新植・改植費用のほか、育成費も対象
利用料などの一括支払い	農地の利用権を取得する場合における権利金などの一括支払い

【償還負担の軽減】

再建整備	農地等の取得・改良・造成や、農業経営に必要な資材・施設などの取得・設置のために生じた負債（制度資金等を除く。）の整理に必要な資金
償還円滑化	既往借入金等の負債（制度資金、土地改良事業負担金など）に係る支払いの負担を軽減するために、経営改善計画期間中の当該負債の支払いに必要な資金

(d)　青年等就農資金

　　認定新規就農者（市町村から青年等就農計画の認定を受けた個人・法人）を対象
とした制度です。青年等就農計画の達成に必要な次の資金が対象となります。事前
に、経営改善資金計画を作成し、市町村を事務局とする特別融資制度推進会議の認
定を受ける必要があります。国の補助金を財源に含む補助事業（事業負担金を含む）
は、本資金の対象となりませんが、地方公共団体の単独補助事業や融資残補助事業
（経営体育成支援事業）は対象となります。

施設・機械	農業生産用の施設・機械、農産物の処理加工施設、販売施設
果樹・家畜等	購入費、新植・改植費用のほか、育成費も対象
借地料などの一括支払い	農地の借地料や施設・機械のリース料などの一括支払い ※農地等の取得費用は対象外
その他の経営費	経営開始に伴って必要となる資材費など

（出典）日本政策金融公庫ＨＰをもとに筆者が作成

②　リースによる調達

　　農業では、リースにより設備投資を行うケースが増えています。また、農林水産省
の補助事業においても、リース料を補助する「助成付きリース」の形態が増えていま
す。

　　リースは、担保が不要ですので、担保余力を温存することができます。農業用機械
やハウスなどはリース、農地取得等の規模拡大の制度資金や金融機関からの借入、と
資金使途に応じて調達原資を使い分けることも考えられます。

a）　リースのメリット

・担保が不要

　リースは担保設定が不要ですので、担保余力を圧迫することなく資金調達でき
ます。

・短期での実行が可能

　融資は実行まで1〜2か月程度かかりますが、リースは1週間程度での実行も
可能です。

・動産総合保険

　動産総合保険が付いていることも多く、一般に個別に契約するより保険料が安
くなります。

b)　リースのデメリット

・金利

　融資より高い金利がリース料に上乗せされるため、コスト高になることが多い。
（注．助成付きリースは、融資よりも低コストになります。）

・減価償却方法

　所有権移転外リースの場合、減価償却方法はリース期間定額法となり、定率法
よりも初年度の減価償却費が少なくなります。

③　アグリビジネス投資育成による出資

　アグリビジネス投資育成株式会社（以下、「アグリ社」）は、2002年に創設された農業法人投資育成制度（現：農林漁業法人等投資育成制度）として、農林漁業法人等の発展をサポートするため、農林漁業法人等に出資という形で資金を提供しています。アグリ社は、ＪＡグループと株式会社日本政策金融公庫との出資で設立され、農林水産省が監督する機関です。

　農林漁業法人等投資育成制度には、アグリ社のほか、日本政策金融公庫と民間金融機関等が共同で出資して設立する投資事業有限責任組合が農林漁業法人等に出資する仕組みもあります。

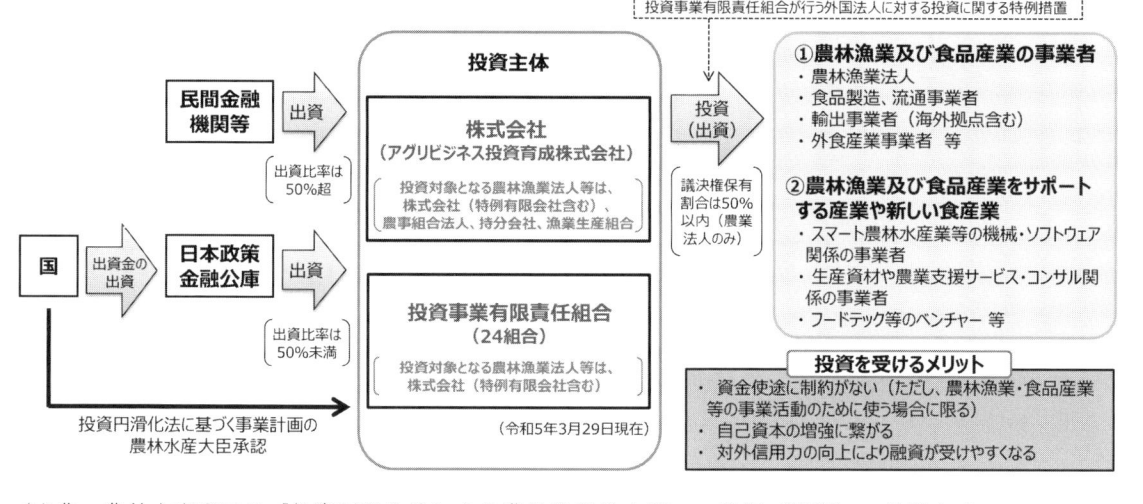

（出典：農林水産省ＨＰ「投資円滑化法による農林漁業法人等への投資（出資）の仕組み」）

a）　特徴

アグリ社の資金提供には、以下の特徴があります。

・出資金は担保や保証人が不要です。

・出資金は自己資本ですので、借入と異なり、利息支払いと約定返済がありません。なお、利益の水準に応じて配当が求められます。

・増資することで自己資本比率が向上し、財務内容が改善、安定します。

・公的な性格を有するアグリ社の審査を経て出資を受け入れることにより、対外的な信用力の向上が期待できます。

・出資は、議決権の50％が限度です。

b）　出資の対象

出資の対象は、農業法人もしくは農業に関連する事業（農畜産物の加工、流通、農作業の受託など）を営む法人です。その他、認定農業者であること（認定農業者となることが確実な者を含む）、原則として法人設立後3年以上の実績があること、債務超過でないこと、経常利益は過去3年平均すると黒字であることなどの要件があります。

④　クラウドファンディングによる資金調達

クラウドファンディングは、インターネットを通じて不特定多数の支援者・賛同者から資金を集める手法のことをいいます。生産規模が相対的に一般企業と比べて小さい農業経営の場合、資金調達は自己資金の投入か農協金融、制度金融に依拠せざるを得ず、確実に確保できるわけでもありません。そのため、自らの農業経営への取り組みをインターネットで発信し、賛同者からの資金を募るクラウドファンディングによる資金調達は今後さらに重要性が高まってくると考えられます。

クラウドファンディングによる資金調達について詳細に論じるものは少ないですが、会計処理に着目して詳細な説明を行う香川他（2023）の記述に基づいて、以下説明を行っていきたいと思います。クラウドファンディングは、行政組織等が行う「ふるさと納税型」を除くと、購入型、寄付型、金融型の3タイプが存在します。以下、それぞれのタイプについて説明します（香川他、2023、45−46頁）。

a）　購入型クラウドファンディング

購入型クラウドファンディングは、資金を提供した者に対して、物やサービス、権利といった金銭以外の得点をリターンとして提供するものです。購入型クラウドファンディングとして有名な CAMPFIRE や食と農に特化した AGRiSSiWE! など

が存在します。支援者に還元するリターンが事実上の商品販売に相当することから、通常の商品売買の会計処理と同様の会計処理となります。調達した資金のうち市場価格に相当する部分は売上（市場価格を上回る部分は寄付として処理、市場価格がない場合は全額が売上）とし、リターンとして提供される製品価額（ないしは製造原価）を売上原価とみなします。なお、受けた資金を活用して新製品を開発し、完成後に支援者に製品を手渡す場合等では、調達した資金は「前受金」として処理する必要があります。

b）　寄付型クラウドファンディング

　寄付型クラウドファンディングは、集まった資金は全額が寄付となるため基本的に支援者に対するリターンはありません。支援者は社会的に意義のある取り組みをサポートすることで達成感や充実感を味わうことができます。寄付型クラウドファンディングによって資金を調達した場合には、「特別利益」として処理することになります。

c）　金融型クラウドファンディング

　金融型クラウドファンディングは支援者に対して金銭的なリターンが発生することを特徴とします。金融型クラウドファンディングは、さらに「融資型（貸付型）」、「株式型」、「ファンド型」に分かれます。

　「融資型（貸付型）」は、基本的には資金調達を行う時点で利率が決まっており、定期的に金利が支払われます。「ソーシャルレンディング」とも呼ばれるものであり、事実上の借入金であることから資金を調達した経営においては負債（借入金）と同様の会計処理となります。

　「株式型」は、個人の起案者ではなく株式会社が行う資金調達の一つで、個人投資家へ非公開株を提供する代わりに資金を募る仕組みのクラウドファンディングです。資金を受け入れた側は新株発行と同様の会計処理を行うことになります。

　「ファンド型」は、事業・ビジネスに対して一定の期間出資を募り、支援者はそのビジネスが生んだ利益に応じた分配金を受け取ります（支援者に元本は保証されないのが一般的）。資金を受け入れた側は、出資と同様の会計処理を行うこととなります。

参考文献

・安達長俊（2013）『金融機関のための農業経営・分析改善アドバイス』金融財政事情
　研究会。

・小野博則（2012）「企業の農業参入と地域共生の経営—バランス・スコアカードへの
　「地域資源の視点」導入—」（稲本志良・小野博則・四方康行・横溝功・浅見淳之編
　『農業経営発展の会計学—現代、戦前、海外の経営発展—』昭和堂）、91-115頁。

・香川文庸・珍田章生・保田順慶（2023）『農業会計学の探求』実生社。

・木村伸男（2008）『現代農業のマネジメント—農業経営学のフロンティア—』日本経
　済評論社。

・高橋一興・久保雄生（2017）「集落営農法人における理念主導型経営の確立」山口県
　農林総合技術センター研究報告第8巻、山口県農林総合技術センター、1-11頁。

・森剛一・川合忠信編著（2016）『ＪＡ営農指導員テキスト　農業経営　農業経営
　管理』全国農業協同組合中央会。

・吉川武男（2001）『バランス・スコアカード入門』生産性出版。

・Kaplan, R.S. and D.P.Norton（2001）*The Strategy-Focused Organization*, Boston, MA：
　Harvard Business School Press.（櫻井通晴監訳（2001）『キャプランとノートンの戦略
　バランスト・スコアカード』東洋経済新報社。）

・Porter.M.E（1985）*Competitive Advantage*. Free Press, New York.（土岐坤・中辻
　萬治・小野寺武夫訳（1985）『競争優位の戦略—いかに高業績を持続させるか—』ダ
　イヤモンド社。）

著者あとがき

　農業従事者の高齢化が進み、大量のリタイアによって今後ますます担い手不足が深刻化するなか、新規就農や企業参入を後押しする政策が展開されています。また、政府は農業経営の法人化を強力に進めており、2023年までの間に法人経営体数を５万法人に増加することを国の目標に掲げています。

　農業経営の新規参入や法人化には、経営者自らの的確な判断だけでなく、関係者による支援が欠かせません。農業経営に取り組み、これを支援するうえでは、農業特有の会計・経営管理や個人経営と法人経営の違いを理解する必要があります。また、優良な農業経営を育てるだけでなく、次世代に円滑に継承していくことが求められています。

　こうしたなかで農業者の経営支援にこれまで中心的な役割を担ってきたＪＡや普及指導センターなどの関係機関だけでなく、金融機関や税理士・公認会計士などの会計人が農業に係る経営管理の特徴を理解し、農業政策や税制を含めた経営環境の変化にも対応した法人運営や経営継承を企画・提案していくことが求められます。

　本書は、「農業経理士」試験の教科書として発刊いたしましたが、同時に、農業経営管理支援や農業融資に携わる方向けの実務書として活用されることを想定しています。

　本書で学ぶ読者の皆さんが農業に必要とされる実践的な経営スキルを習得し、また、農業経営の強力な支援者として活躍されることを願ってやみません。

一般社団法人　全国農業経営コンサルタント協会

会長　森　剛一

農業経理士教科書【経営管理編】（第4版）

■発行年月日　2017年7月10日　初版発行
　　　　　　　2024年7月5日　　4版発行

■執　　　筆　森　剛一、吉川　順子、西山　由美子、
　　　　　　　保田　順慶

■監　　　修　一般財団法人 日本ビジネス技能検定協会
　　　　　　　学校法人 大原学園大原簿記学校

■発　行　所　大原出版株式会社

　　　　　　　〒101-0065
　　　　　　　東京都千代田区西神田1-2-10
　　　　　　　TEL　03-3292-6654

■印刷・製本　株式会社　メディオ

落丁本、乱丁本はお取り替えいたします。定価は表紙に表示してあります。

ISBN978-4-86783-147-2 C1034

本書の全部または一部を無断で転載、複写（コピー）、改変、改ざん、配信、送信、ホームページ上に掲載することは、著作権法で定められた例外を除き禁止されており、権利侵害となります。上記のような使用をされる場合には、その都度事前に許諾を得てください。また、電子書籍においては、有償・無償にかかわらず本書を第三者に譲渡することはできません。

© O-HARA PUBLISHING CO., LTD 2024 Printed in Japan